# 增肌・減脂・高蛋白
# 備餐便當

## MEAL PREP

牛尾理惠 著

蔡麗蓉 譯

PROLOGUE

# 一次做四便當，
# 培養提前備餐的新習慣！

　　我會一頭投入肌力訓練，原先只是為了減肥，時至今日已維持了三年以上時間，在這期間讓我親身體會，強身健體最重要的一環，就是每日的飲食。話雖然這麼說，每天下廚時還得斤斤計較三餐的營養成分，實在相當費事，更別說有時候一忙起來，連抽出時間用餐都很難。

　　「提前備餐」就能幫大家解決這樣的煩惱 英文寫作 Meal（膳食）＋ Preparation（準備）。外國人沒有帶便當的文化，但他們在進行訓練（通常是指肌力訓練雕塑身材）時，便會利用這種方式，設計菜單的同時仔細計算營養成分，分別事先備妥幾餐的分量。

　　本書所介紹的備餐便當，就是由這樣的構想演變而來。一口氣做好四餐份，再分別裝入便當盒裡冷凍保存備用，要吃之前用微波爐復熱即可。除了能吃到熱騰騰的食物，也能借助蒸氣效果，讓容易乾柴的糙米、紅肉甚至魚肉，都能在軟嫩滑口的狀態下享用。

　　就算你沒打算強身健體，也可以為家人提前備餐，讓全家人都能隨時吃到營養均衡的餐點，維持身體健康。MEAL PREP 就是集結這些健康觀念，前所未見的「備餐便當」。

　　　　　　　　　　　　　　　　　　　　　牛尾理惠

# 瘦身・上班族
# 適合各族群的備餐便當

備餐便當是能管理熱量並維持均衡營養的飲食方式。
十分推薦給身為大忙人的你喔！

**使用冷凍保存！**

**POINT 1**

### 維持均衡營養

本書收錄的菜單，將每餐熱量控制在450 ～ 500kcal，蛋白質（P）設定為30g、脂質（F）為15g、碳水化合物（C）為60g的理想狀態。不過低醣食譜並不適用於上述規則。

**POINT 2**

### 想吃就能馬上享用

料理配菜時 無論是 1 餐份或 4 餐份，花費的時間精力都一樣。4 餐份一口氣做好，再分別將 1 餐份的米飯與配菜裝進便當盒裡冷凍備用，想吃的時候微波加熱，就能馬上開動。

**POINT 3**

### 方便又省錢

趁便宜時買進食材、煮好備用，從頭到尾妥善料理就能節省開支。冷藏的常備菜容易壞掉，造成食材浪費，若是冷凍保存就不必擔心這個問題。

## [ 主食 150g ]

米飯不用白米，建議盡量
使用糙米、五穀雜糧米。
每餐分量設定為 150g。

用餐前微波即可！

## [ 副菜 ]

搭配 1 ～ 2 道食材
為黃綠色蔬菜、淡
色蔬菜、豆類、菇
類、海藻的配菜，
補充容易缺乏的維
生素及礦物質。

MEMO

## [ 主菜 ]

以雞肉、豬肉、牛肉、
魚類為主的配菜。食
材選擇上盡量以高蛋
白、低脂的肉類為宜。

### 輕鬆完成 PFC 平衡的理想便當

PFC 平衡，意指從三大營養素，蛋白質（Protein）、
脂質（Fat）、碳水化合物（Carbohydrate）中獲得
的熱量比率。備餐便當中的 PFC 比率適當，善用備
餐便當就能每天輕鬆維持理想的飲食。

# 備餐便當最適合這些人！

備餐便當以理想飲食打響名號，究竟適合哪些人吃呢？
如果你是符合下述條件的其中一人，請務必從今天開始試試看備餐便當吧！

**TYPE 1**
### 肌力訓練&
### 減肥者

**TYPE 2**
### 想做好營養管理的
### 獨居者

### 覺得營養管理做起來很難
### 的人最適合！

做肌肉訓練時，必須配合攝取蛋白質等營養素。而想減肥的人如果極端限制飲食，就算體重暫時減輕了，復胖的可能性還是很高，這點要特別留意。想靠肌力訓練練出好看的肌肉，或想健康瘦下來的人，請先檢討自己的飲食方式。不妨參考一下 PFC 平衡、一餐約 500kcal 的最強減肥備餐便當，幫你打造理想身材！

### 營養總是不均衡，
### 冷凍備餐最安心！

一個人住，想必很多時候三餐總是靠外食或超商便當打發。這種日子長久下去，難保不會因為過度攝取脂肪及鹽分，導致肥胖或生活習慣病……不過只要靠備餐便當，就能安心無虞了！作法很簡單，第一次自己煮的人也不用擔心。只要將備餐便當冷凍起來，再用微波爐復熱即可，如此就能簡單攝取均衡飲食。營養充足，每天都能神采奕奕！

**TYPE 3**

## 幫沒有一起同住的
## 父母備餐

**TYPE 4**

## 忙碌夜歸者的
## 健康補給

### 為年邁父母準備的
### 高蛋白孝親便當

擔心不同住的父母有沒有好好吃飯
時，可以一次做好多份備餐便當，
用冷凍宅配送過去。備餐便當的菜單
中，也有很多能讓高齡者美味品嘗的
菜色，而且容易維持均衡營養，有助
於健康管理。尤其備餐便當中的蛋白
質含量高，能幫助長肌肉、養體力，
說不定還有助於延年益壽呢。

### 為自己或家人準備
### 無負擔的宵夜

偶爾加班到深夜才回到家，晚餐便讓
人傷透腦筋。相信許多人都是在回家
路上買些熟食，深夜吃完後馬上就
寢。然而熟食大部分熱量都很高，因
此要注意會不會攝取過量。但若先做
好熱量適中的備餐便當，就可以放心
食用。在乎美容減重的人，只要將米
飯減量，重點是要盡量選擇好消化的
菜色。

# CONTENTS

▶ 本書專為注重健康及美容的人，介紹可以管理熱量、維持營養均衡的「備餐便當」。只要將備餐便當冷凍備用，即便原先飲食不正常，也能跟隨本書介紹每天享用營養均衡的飲食。

▶ 食譜分量基本上皆為 4 餐份，並依照不同料理標記出方便大家製作的份量。

▶ 測量單位為 1 大匙＝15ml、1 小匙＝5ml。「少許」指未滿 1/6 小匙，「適量」表示加入自己覺得適當的分量。

▶ 平底鍋使用鐵氟龍不沾鍋。

▶ 微波爐加熱時間基本上為 600W 的加熱時間。以 500W 加熱時，請將加熱時間延長至 1.2 倍。不同機種多少有所差異，請視狀況增減時間。

▶ 烤箱使用瓦斯烤箱。使用電烤箱時火力會有所差異，因此建議將加熱溫度調高 10 ～ 20℃，使用時請邊觀察調整。

▶ 牛肉使用脂肪含量少的進口牛肉。

▶ 高湯使用了柴魚片和昆布熬成的高湯。

▶ 蔬菜等食材的事前處理，若無特別標記，表示已經完成清洗、去皮等步驟。

▶ 煮好溫熱的配菜及米飯，請稍微放涼後再冷藏、冷凍。

▶ 便當冷凍後請在 2 週內、冷藏後請在 3 天內吃完。沒有復熱時間標記的備餐便當則不可冷凍保存。

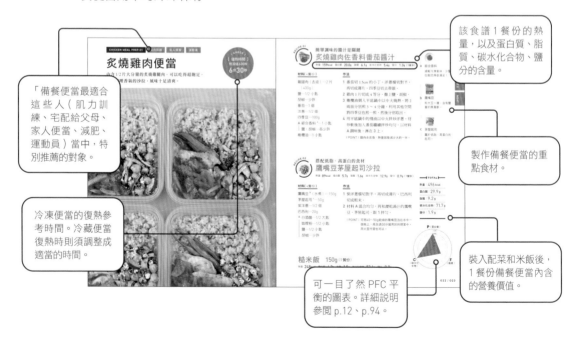

「備餐便當最適合這些人（肌力訓練、宅配給父母、家人便當、減肥、運動員）當中，特別推薦的對象。

冷凍便當的復熱參考時間。冷凍便當復熱時則須調整成適當的時間。

該食譜 1 餐份的熱量，以及蛋白質、脂質、碳水化合物、鹽分的含量。

製作備餐便當的重點食材。

裝入配菜和米飯後，1 餐份備餐便當內含的營養價值。

可一目了然 PFC 平衡的圖表。詳細說明參閱 p.12、p.94。

詳細了解餐點的內涵

# 備餐便當的
# 基本原則

首先從備餐便當的定義、營養成分，
還有容器以及保存方法，逐一為大家詳細介紹。
讓大家在動手料理前，能先學習有幫助的基本知識。

就從這開始說明吧！

BASIC OF MEAL PREP

# 何謂備餐便當？

歐美十分盛行的備餐便當，究竟是怎樣的餐點呢？
現在就來一窺營養均衡的 **MEAL PREP** 備餐便當藏了哪些祕密。

# MEAL + PREP

[ 膳食 ]　　　　　　　　　　　　[ 準備 ]

＝

# 備餐便當

### 實現理想 PFC 平衡
### 營養滿分的便當

本書介紹的備餐便當，設定了 PFC 的
目標攝取量（g）（見 p.4），並且分別
換算成熱量（見 p.94）；還將 PFC 的
目標攝取量以百分比的方式，製成圖表
顯示每款便當的達成率（不過低醣食譜
的目標攝取量不同，因此單純將 PFC
的熱量比率以圓餅圖表示）。每一款便
當都是營養滿分，因此十分推薦給總是
忙不停的現代人、努力減肥以及勤於做
肌力訓練的人參考。

### 想吃時從冷凍庫取出
### 微波一下即可

一次做好 4 餐份冷凍起來備用的備餐
便當，想吃時用微波爐復熱，隨時都能
品嘗像是現煮的好滋味。趁週末將 2 ～
3 種備餐便當準備好，除了可以當作自
己的午餐或晚餐，還能端上餐桌給家人
吃，相當便利。抽不出時間自己煮的日
子，或是在肌力訓練的前後，備餐便當
也很適合用來維持均衡營養。

1 餐＝ 450 ～ 500kcal

蛋白質 30g、脂質 15g、
碳水化合物 60g

一口氣做好 4 餐份！

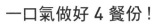

BASIC OF MEAL PREP

# 備餐便當的製作流程

第一步先大致了解備餐流程。
**p.16** 起再為大家詳細介紹製作祕訣。

## 1

### 準備主食
（見 p.16）

## 2

### 製作常備配菜
（見 p.17）

### 改吃糙米或五穀雜糧，
### 別只吃白米飯

米飯每餐基本分量為 150g。若在減肥或訓練中，則建議改吃維生素、礦物質及膳食纖維較多的糙米、雜糧糙米或是五穀雜糧，不要吃白米飯。既然醣類含量都差不多，不如盡量選吃營養價值高的米飯。想準備低醣便當的人，就可以省略主食。

### 主菜為肉或魚類，
### 蔬菜類配菜要多一些

1 種肉類或魚類主菜，加上 1～2 種蔬菜及豆類等配菜，分別製作成 4 餐份。本書中的每道料理步驟都十分簡單，烹調時只要每種食材逐一完成事前處理，利用平底鍋和烤箱，就能同時料理 2 種配菜。同時作業一氣呵成，還能節省時間。

一次煮好 **4** 餐份
再冷凍起來

**3**

## 裝入保存容器裡

（見 p.18、19）

**4**

## 冷凍保存

（見 p.19）

### 在 4 個相同的保存容器裡，
### 逐一裝入米飯和配菜

主食和配菜全都煮好後，分別將主食、主菜、副菜裝入 4 個備餐便當用的保存容器裡。第一步先裝主食的話，配菜就能直著擺或橫著放，裝便當時才方便。裝配菜時，先放體積較大的主菜，最後再裝入副菜，便當才能順利蓋起來。

### 食材務必放涼、
### 容器疊放要整齊！

便當裝好後蓋上蓋子，再直接冷凍，不過這時候別忘了先將米飯及配菜稍微放涼。如果還溫溫的就蓋上蓋子冷凍，蓋子上形成的水蒸氣會導致結霜，出現凍傷情形，造成食材劣化。另外還要切記一點，容器放進冷凍庫內要疊放整齊。

# 主食介紹

考量到營養均衡的問題，主食的選擇尤為重要。
先來好好了解一下，什麼食物吃多少最好。

## 不吃白米
## 選用糙米或五穀雜糧

目的是為了減肥或是肌力訓練的人，對於主食應該更講究。糙米及五穀雜糧的 GI 值（升糖指數）比白米低，可防止餐後血糖上升，因此可説比白米更不容易發胖，而且還含有豐富的膳食纖維、維生素及礦物質。如果煮 4 餐份的主食，300g 的分量就夠了，不過五穀雜糧米則得多加 30g，這樣煮好後的分量才會相當於 300g 白米的份量。除了米飯之外，也能吃全麥筆管麵這類的主食。

### 五穀雜糧飯

綜合了小米、日本稗、大麥等穀物，為礦物質豐富的米飯。

### 糙米飯

富含維生素 B 群與膳食纖維，口感佳又能維持飽足感。

### 全麥筆管麵

直接使用了小麥胚芽及小麥麩皮製作而成，營養滿分。

米飯
150
g

義大利麵（煮前）80 g

## 米飯 1 餐
## 最多準備 150g

在 1 餐熱量 450 ～ 550kcal 的備餐便當裡頭，PFC 的熱量比率（即 PFC 平衡）若要攝取約 50％ 的碳水化合物，米飯可吃到 150g 左右，全麥義大利麵則是 80g 左右。正在減肥或是肌力訓練的人，同樣不能極端限制碳水化合物，最好要適量攝取。

# ④

# 配菜的搭配方式

接著來看看，肉類、魚類及蔬菜該如何組合搭配。
切記！配菜一定要是高蛋白且低脂的食材。

## 主菜1種、
## 副菜1～2種

一餐份的備餐便當，通常會準備肉類或魚類的配菜作為主菜，肉類盡量選擇高蛋白且低脂的部位；魚類建議大家選購可隨意變化烹調方式的魚肉片，另外也可以使用蝦子或花枝等海鮮。副菜的部分，可搭配1～2種適合冷凍的蔬菜或豆類等炒物、拌菜及沙拉，並與主菜均衡搭配。

主菜

肉類、魚類
的配菜

或

+

副菜

蔬菜、豆類、
蛋的配菜

---

MEMO

### 一菜到底，不用想配菜更輕鬆

準備燉飯、蓋飯或是義大利麵等一菜到底的備餐便當，就不需要煩惱配菜問題，可說方便又實用。本書介紹的食譜，無論在熱量或是PFC 平衡都面面俱到，營養方面完全不用擔心。大家不妨按照食譜做做看吧！忙碌的日子也能想吃就吃，準備好冷凍起來最方便。

高蛋白！低脂

5

BASIC OF MEAL PREP

# 保存容器的挑選祕訣

備餐便當所使用的保存容器，必須精挑細選。
馬上來看看選購時該檢查哪些注意事項。

## 挑選耐冷&耐熱的保存容器

備餐便當首重冷凍、微波復熱的過程，必須挑選耐冷又耐熱的保存容器，容量最好為 500ml 左右。盡量選擇底部寬的容器，配菜才能平整擺放、避免重疊，以便迅速冷凍。除此之外，如果能選購密閉性佳的保存容器，長時間冷凍保存時會比較安心。市面上也有販售備餐便當專用的容器，大家不妨善用這類產品。

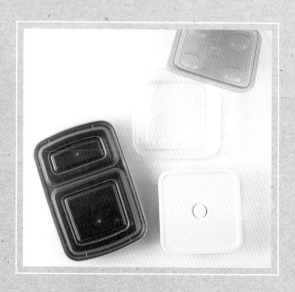

**Q** 可以使用百圓商店販售的保存容器嗎？

**A** 百圓商店也有販售耐冷又耐熱的容器，可惜蓋子大多不耐熱，有些產品在冷凍時會破裂，微波加熱後還會變形。如果不是使用備餐便當專用的保存容器，務必好好確認一下耐冷溫度及耐熱溫度。

**Q** 備餐便當專用容器在哪裡買得到？

**A** 多數都在網路上販售，請大家多方比較再選購。另外也推薦大家使用非備餐便當專用，但可用來冷凍的正方形保存容器。容量盡量挑選愈大的愈好，而且蓋子的密閉性要佳。

BASIC OF MEAL PREP

# 分裝＆保存的祕訣

為大家介紹裝便當與保存的祕訣，大家一定要學會，才能享用美味。
多加一點巧思，吃起來會更好吃喔！

## 配菜務必
## 稍微放涼後再分裝

煮好還溫熱的配菜，想要冷凍後吃
起來還是很好吃，在裝入容器之前
務必稍微放涼。用平底鍋煮好的料
理，可以倒到盤子或鐵盤中；用烤
箱烤好的菜色，請將烤盤取出放
涼。如果是法式鹹派這類的食物，
為了能分切好看，必須稍微放涼。

這樣才能美味享用！

**米飯要鋪平**

米飯也要放涼後再
裝入便當。盡量鋪
平，這樣在復熱後
溫度才容易均一。

容易出水的葉
菜類下方撒上
豆渣粉

多汁的配菜
要裝入杯中

## 避免湯汁滲透
## 切記多加一道程序

多汁的配菜若直接裝進便當冷凍，
用微波爐復熱時，水分會滲透到米
飯或配菜中，導致整個便當盒都湯
湯水水。這時必須多加一道程序，
也就是先裝入矽膠杯中再裝便當，
避免水分流出，如果擺在米飯上，
則要事先撒上豆渣粉吸收水分。

# 美味享用的訣竅！
# 如何聰明解凍與復熱

## 基本上必須加蓋直接微波加熱

想吃冷凍保存起來的備餐便當時，大家可能會不知道如何解凍才好。基本上從冷凍庫取出的容器，直接放入微波爐加熱即可。在本書的食譜篇幅中，有標記使用600W微波爐的加熱時間，請大家作為參考。但是有時候不同機種的加熱時間會有所差異，因此切記要一邊觀察加熱情形，再一邊調整時間。

---

**MEMO**

### 馬上吃的備餐便當可冷藏保存使用微波爐「再加熱」功能

備餐便當基本上都必須冷凍保存，不過也能冷藏保存。不過保存時間也會因此縮短，所以僅限於全家都要吃、每餐都吃相同食物也沒差的時候。此時可以直接蓋著蓋子，用微波爐的「再加熱」功能復熱即可。

500kcal ＆營養均衡無可挑剔！

# 肉類主食
# 備餐便當

想要攝取優良蛋白質，肉類萬萬不可或缺。
牛肉應選擇瘦肉，豬肉及雞肉則需剔除多餘脂肪及外皮，
有效降低熱量及脂質含量。

# 炙燒雞肉便當

內含1/2片大分量的炙燒雞腿肉,可以吃得超飽足。
散發咖哩香氣的沙拉,風味十足清爽。

【 CHECK 】
[ 復熱時間 ]
微波爐600W
**6分30秒**

RECIPE.01

簡單調味的醬汁是關鍵

# 炙燒雞肉佐香料番茄醬汁

熱量：**159**kcal　蛋白質：**20.0**g　脂質：**6.1**g　碳水化合物：**5.4**g　鹽分：**1.0**g（1餐分）

a 綜合香料
減輕冷凍氣味，少鹽
也能吃得很滿足！

## 材料( 4餐份 )

雞腿肉（去皮）…2 片
　（400g）
鹽…1/2 小匙
胡椒…少許
番茄…1 個
洋蔥…1/2 個
四季豆…100g
A 綜合香料 ᵃ…1 小匙
│ 鹽、胡椒…各少許
橄欖油…1 小匙

## 作法

1 番茄切 1.5cm 的小丁。洋蔥橫切對半，
再切成薄片。四季豆切去蒂頭。
2 雞肉 1 片切成 4 等分，撒上鹽、胡椒。
3 橄欖油倒入平底鍋中以中火燒熱，將 2
兩面分別煎 3 ～ 4 分鐘。利用其他空間
將四季豆也煎一煎，然後分別取出。
4 用平底鍋中的殘油以中火拌炒洋蔥，待
炒軟後加入番茄繼續拌炒均勻。以材料
A 調味後，淋在 3 上。

〔POINT〕雞肉去皮後，熱量就能減少大約一半。

b 鷹嘴豆
和大豆一樣，含有豐
富的異黃酮。

c 茅屋起司
屬於低脂、高蛋白的
起司。

RECIPE.02

搭配低脂、高蛋白的食材

# 鷹嘴豆茅屋起司沙拉

熱量：**89**kcal　蛋白質：**5.7**g　脂質：**1.6**g　碳水化合物：**12.9**g　鹽分：**0.9**g（1餐份）

## 材料( 4餐份 )

鷹嘴豆 ᵇ（水煮）…150g
茅屋起司 ᶜ…50g
紫洋蔥…1/2 個
巴西利…20g
A 白酒醋…1/2 大匙
│ 咖哩粉…1/2 小匙
│ 鹽…1/2 小匙
│ 胡椒…少許

## 作法

1 紫洋蔥橫切對半，再切成薄片。巴西利
切成粗末。
2 材料 A 混合均勻，再和瀝乾湯汁的鷹嘴
豆、茅屋起司、跟 1 拌勻。

〔POINT〕可將40～50g乾燥的鷹嘴豆泡在水中一
個晚上，再汆燙30分鐘用於料理當中。
用大豆代替也可以。

├─ TOTAL ─┤

熱量：**496** kcal

蛋白質：**29.9** g

脂質：**9.2** g

碳水化合物：**71.7** g

鹽分：**1.9** g

P（蛋白質）

120
100
80
60
40
20

C　　　　　　F
（碳水化　　（脂質）
合物）

# 糙米飯　150g（**1**餐份）

熱量：**248**kcal　蛋白質：**4.2**g　脂質：**1.5**g　碳水化合物：**53.4**g　鹽分：**0.0**g

CHICHEN MEAL PREP.02　肌肉訓練　宅配給父母

# 照燒梅子雞便當

每一道配菜都很搶鏡，讓人賞心悅目。
和風口味的便當，也十分推薦給高齡者品嚐。

| CHECK |
[ 復熱時間 ]
微波爐 600W
**6分30秒**

**RECIPE.01**

甜甜辣辣加上梅干酸味，滋味夠勁最下飯

# 照燒梅子雞

熱量：**157kcal** 蛋白質：**20.7g** 脂質：**6.2g** 碳水化合物：**4.7g** 鹽分：**1.3g**（1餐份）

## 材料（4餐份）

雞腿肉（去皮）…2 片
（400g）
鹽…1/4 小匙
香菇…8 朵
獅子椒…12 根
A 醬油…2 小匙
味醂…2 小匙
梅肉…1 小匙
麻油…1 小匙

## 作法

1 香菇切去蒂頭。獅子椒用牙籤戳幾個洞。
2 雞肉 1 片切成 4 等分，再撒上鹽。
3 麻油倒入平底鍋中以中火燒熱，將 1 煎一煎後取出。接著將 2 兩面分別煎 3～4 分鐘。
4 用廚房紙巾將平底鍋中多餘的油脂擦除，將材料 A 混合均勻後倒入鍋中，使雞肉沾裹上醬汁並收乾。

〔POINT〕雞肉去皮後，熱量就能減少大約一半。

a 櫻花蝦
含有助於恢復疲勞的蝦青素。

b 青海苔
風味絕佳，讓冷凍後的玉子燒變好吃。

**RECIPE.02**

滿口濃醇香！還能補充鈣質

# 櫻花蝦青海苔玉子燒

熱量：**63kcal** 蛋白質：**5.5g** 脂質：**4.2g** 碳水化合物：**0.2g** 鹽分：**0.7g**（1餐份）

## 材料（4餐份）

蛋…3 個
A 櫻花蝦[a]（乾燥）…5g
青海苔[b]…1/2 小匙
高湯…3 大匙
鹽…2 小撮
麻油…少許

## 作法

1 蛋打散，加入材料 A 後充分攪拌均勻。
2 麻油倒入玉子燒鍋中勻開後以中火燒熱，倒入適量的 1。煎熟後從鍋邊捲起來靠在鍋邊再倒油勻開，接著再倒入適量的 1。重覆上述步驟完成玉子燒。
3 用竹簾整型，放涼後切成 8 等分。

**─┤TOTAL├─**

熱量：**457** kcal

蛋白質：**30.2** g

脂質：**11.3** g

碳水化合物：**56.3** g

鹽分：**2.0** g

# 五穀雜糧飯 150g（1餐份）

熱量：**237kcal** 脂質：**4.0g** 脂質：**0.9g** 碳水化合物：**51.4g** 鹽分：**0.0g**

**P**（蛋白質）

120
100
80
60
40
20

**C**（碳水化合物）

**F**（脂質）

# 燒烤鹽麴檸檬雞便當

靠雞胸肉和鯖魚罐頭獲得滿滿蛋白質！
幾乎用不到調味料，
能將食材本色徹底發揮的便當。

| CHECK |
[ 復熱時間 ]
微波爐600W
6分30秒

## RECIPE.01

用鹽麴搓揉入味，烤出軟嫩口感

# 燒烤鹽麴檸檬雞

熱量：**138**kcal　蛋白質：**23.7**g　脂質：**2.0**g　碳水化合物：**5.1**g　鹽分：**0.9**g（1餐份）

### 材料（4餐份）

雞胸肉（去皮）…400g
鹽麴 a…2 大匙
檸檬…1/2 個
生薑…1 片

### 作法

**1** 檸檬去皮後切成圓片。生薑磨成泥。

**2** 雞肉片成 2cm 厚，再用鹽麴搓揉入味。

**3** 用 **1** 將 **2** 搓揉入味，靜置 30 分鐘。

**4** 用鋁箔紙將 **3** 包起來，以大火的瓦斯烤
箱（兩面燒烤）蒸烤 10 分鐘左右。

a　**鹽麴**
富含植物性乳酸菌，
可整頓腸道環境。

b　**水煮鯖魚罐頭**
可輕鬆攝取到EPA及
DHA等優質脂質。

## RECIPE.02

搭配五彩繽紛的蔬菜，呈現簡單好味道

# 鯖魚罐頭沙拉

熱量：**69**kcal　蛋白質：**4.9**g　脂質：**3.3**g　碳水化合物：**6.3**g　鹽分：**0.3**g（1餐份）

### 材料（4餐份）

水煮鯖魚罐頭 b…淨重
　　100g
綠蘆筍…4 根
小番茄…8 個
黃甜椒…1 個
鹽、胡椒…各少許

### 作法

**1** 蘆筍去粗絲後切成 1.5cm 寬。小番茄切
半。甜椒切成 1.5cm 的小丁。

**2** 鯖魚瀝乾湯汁後與 **1** 倒在一起，一面將
鯖魚攪碎，一面用鹽、胡椒拌一拌。

〔POINT〕也可復熱，當作溫沙拉享用。如果不冷
凍，蔬菜也可以直接生食。

## RECIPE.03

水分須徹底擠乾，以便冷凍！

# 鹽漬櫛瓜

熱量：**4**kcal　蛋白質：**0.3**g　脂質：**0.0**g　碳水化合物：**0.7**g　鹽分：**0.4**g（1餐份）

### 材料（4餐份）

櫛瓜…100g
鹽…1/2 小匙

### 作法

**1** 櫛瓜切成薄片，撒上鹽後輕輕搓揉，靜
置 10 分鐘左右再將水分擠乾。

**├── TOTAL ──┤**

熱量：**459** kcal

蛋白質：**33.1** g

脂質：**6.8** g

碳水化合物：**65.5** g

鹽分：**1.6** g

# 糙米飯　150g（**1**餐份）

熱量：**248**kcal　蛋白質：**4.2**g　脂質：**1.5**g　碳水化合物：**53.4**g　鹽分：**0.0**g

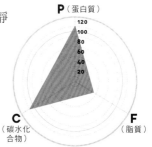

P（蛋白質）

120
100
80
60
40
20

C（碳水化合物）　　　F（脂質）

肌肉訓練　宅配給父母　減肥

# 雞里肌捲
# 蔬菜便當

將低脂高蛋白的雞里肌製成
肉捲，副菜利用庫存食材即
可完成。材料數量少，料理
起來更簡單！

∣ CHECK ∣
[ 復熱時間 ]
微波爐 600W
6分30秒

**RECIPE.01**

突顯芥末籽，風味更上一層樓

# 雞里肌捲蔬菜

熱量：**127**kcal 蛋白質：**24.1**g 脂質：**1.5**g 碳水化合物：**3.3**g 鹽分：**1.3**g（1食分）

## 材料（4餐份）

雞里肌…8 條（400g）
鹽…2/3 小匙
胡椒…少許
芥末籽醬…1 大匙
綠蘆筍…4 根
紅蘿蔔…80g

## 作法

1 蘆筍去粗絲後切成一半長度。紅蘿蔔切成絲。

2 雞里肌去筋後，蓋上烘焙紙用工具打成薄片。

3 將鹽、胡椒撒在 2 上，並塗上芥末籽醬。擺上 1 後捲成肉捲，每 1 條肉捲再分別用鋁箔紙包起來。

4 將 3 排放於平底鍋中，蓋上鍋蓋以中火加熱。不時翻動一下，將整條肉捲煎 10 分鐘左右。

5 放涼後打開鋁箔紙，切成適口大小。

**a 昆布絲**
料理時可節省時間，十分推薦用來補充礦物質。

**b 高野豆腐**
富含大豆皂素及異黃酮。

**c 水煮鮭魚罐頭**
蝦青素具有燃燒脂肪等效果。

**RECIPE.02**

讓食材的鮮味充分入味

# 滷昆布絲高野豆腐

熱量：**106**kcal 蛋白質：**10.4**g 脂質：**5.1**g 碳水化合物：**5.2**g 鹽分：**1.2**g（1餐份）

## 材料（4餐份）

昆布絲 a（乾燥）…10g
高野豆腐 b…2 個
水煮鮭魚罐頭 c…小罐的
　1 罐（90g）
鴻喜菇…100g
A 醬油…1 大匙
｜味醂…1 大匙

## 作法

1 昆布絲迅速洗淨，再用水泡發。泡昆布的水預留 200ml 備用。

2 高野豆腐用水泡發，徹底擰擠洗淨後，將水分擠乾，1 個切成 8 等分。

3 鴻喜菇撕散。

4 將昆布和泡昆布的水倒入鍋中，再倒入 2、3，連同湯汁的鮭魚、材料 A 後蓋上鍋蓋，以中火煮 10 分鐘，煮到滷汁收乾為止。

**|— TOTAL —|**

熱量：**470** kcal

蛋白質：**38.5** g

脂質：**7.5** g

碳水化合物：**59.9** g

鹽分：**2.5** g

P（蛋白質）
120
100
80
60
40
20

C（碳水化合物）　F（脂質）

# 五穀雜糧飯 150g（**1**餐份）

熱量：**237**kcal 蛋白質：**4.0**g 脂質：**0.9**g 碳水化合物：**51.4**g 鹽分：**0.0**g

CHICHEN MEAL PREP.05　　宅配給父母　　減肥　　運動員

| CHECK |

[ 復熱時間 ]
微波爐600W
6分30秒

# 雞肉丸便當

可大量攝取具整腸作用的菇類及海藻的便當。
正因為是備餐便當，更該多多運用有益身體的食材。

## RECIPE.01

內餡豐盛大大滿足

# 雞肉丸

熱量：**127**kcal 蛋白質：**18.8**g 脂質：**2.5**g 碳水化合物：**7.3**g 鹽分：**1.5**g（1餐份）

### 材料（4餐份）

A 雞絞肉（雞胸肉）…300g
金針菇…100g
日本大蔥…1/4 根
海帶芽（乾燥）…5g
鹽…2 小撮
太白粉…1 大匙
B 醬油…1 大匙
味醂…1 大匙
麻油…1 小匙

### 作法

1 金針菇切成 5mm 寬。大蔥切成蔥花。
2 材料 A 揉和均勻，分成 8 等分後搓圓。
3 麻油倒入平底鍋中以中火燒熱，將 2 兩面煎過，再蓋上鍋蓋蒸烤 5 分鐘左右。
4 將平底鍋中多餘的油脂擦除，材料 B 拌勻後加入，使雞肉丸沾裹上醬汁並收乾。

〔POINT〕乾燥的海帶芽直接加入鍋中即可。

a 冷凍毛豆
建議自己動手燙熟後冷凍起來備用。

## RECIPE.02

滿滿舞菇與柴魚片的鮮美滋味！

# 鹽炒豆腐

熱量：**67**kcal 蛋白質：**6.7**g 脂質：**2.8**g 碳水化合物：**4.3**g 鹽分：**0.6**g（1餐份）

### 材料（4餐份）

嫩豆腐…200g
舞菇…70g
紅蘿蔔…40g
冷凍毛豆ª（解凍）…淨重 60g
柴魚片…10g
鹽…1/3 小匙

### 作法

1 豆腐壓著重物靜置 10 分鐘左右，將水分徹底壓乾。
2 舞菇撕散。紅蘿蔔切成絲。
3 平底鍋以中火燒熱，倒入 1、2、毛豆、柴魚片，用木鏟混合拌炒 5 分鐘左右，再用鹽調味。

## RECIPE.03

不加砂糖料理更健康

# 芝麻醋拌菠菜

熱量：**20**kcal 蛋白質：**1.5**g 脂質：**1.0**g 碳水化合物：**2.0**g 鹽分：**0.3**g（1餐份）

### 材料（4餐份）

菠菜…200g
A 白芝麻粉…2 小匙
醋…1 小匙
醬油…1 小匙

### 作法

1 菠菜用鹽水（1 公升熱水加入 1 大匙鹽）汆燙 1 分鐘左右，再泡在冷水裡冷卻，擠乾水分後切成 3cm 寬。
2 將材料 A 混合均勻，與 1 拌一拌。

**|—TOTAL—|**

熱量：**462** kcal
蛋白質：**31.2** g
脂質：**7.8** g
碳水化合物：**67.0** g
鹽分：**2.4** g

P（蛋白質）
120
100
80
60
40
20

C（碳水化合物）　　　F（脂質）

# 糙米飯　150g（**1**餐份）

熱量：**248**kcal 蛋白質：**4.2**g 脂質：**1.5**g 碳水化合物：**53.4**g 鹽分：**0.0**g

肌肉訓練　家人便當

# 味噌醃
# 豬肉便當

享用前的復熱過程
容易使高麗菜釋出水分，
因此裝便當時
鮭魚沙拉要另外隔開。

| CHECK |
[ 復熱時間 ]
微波爐600W
**6分**

**RECIPE.01**

攝取到味噌與優格的乳酸菌

# 味噌醃豬肉佐鹽味燙高麗菜

熱量：**178**kcal　蛋白質：**24.5**g　脂質：**4.5**g　碳水化合物：**8.3**g　鹽分：**1.3**g（1餐份）

### 材料( 4餐份 )

豬腰肉塊…400g

A 味噌…2 大匙

　原味優格 [a]…1 大匙

　味醂…1 大匙

　高麗菜…300g

### 作法

1 豬肉切成 1.5cm 厚，用刀尖戳幾個洞，將材料 A 混合均勻後搓揉入味，靜置 30 分鐘左右。

2 將 1 用鋁箔紙包起來，用大火的瓦箱烤箱（兩面燒烤）蒸烤 10 分鐘左右。

3 高麗菜切成 3cm 的四方形，用鹽水（1 公升熱水加 1 大匙鹽）汆燙 2 分鐘，再放在濾網上稍涼，並將水分擠乾。

〔POINT〕依序將高麗菜、味噌醃豬肉裝入容器裡，讓高麗菜沾味噌醬汁會更好吃。

**a 原味優格**

為了維持腸道健康，最好每天都要吃。

**b 生豆渣**

蛋白質、膳食纖維、鈣質相當豐富。

**c 水煮鮭魚罐頭**

連同湯汁一起吃，才能全面攝取營養成分，不造成浪費。

---

**RECIPE.02**

讓豆渣吸收水分實現口感適中的濕潤度

# 鮭魚罐頭沙拉

熱量：**71**kcal　蛋白質：**4.1**g　脂質：**4.1**g　碳水化合物：**4.3**g　鹽分：**0.6**g（1餐份）

### 材料( 4餐份 )

生豆渣 [b]…100g

水煮鮭魚罐頭 [c]…小罐的 1/2 罐（45g）

小黃瓜…1/4 根

紫洋蔥…1/8 個

鹽…1/4 小匙

A 美乃滋…1 大匙

　鹽…適量

　胡椒…少許

### 作法

1 小黃瓜切成小塊，紫洋蔥切成薄片，撒上鹽後輕輕搓揉，再將水分擠乾。

2 將豆渣、連同湯汁的鮭魚、1 倒在一起，再以材料 A 拌勻。

**⊢TOTAL⊣**

熱量：**486** kcal

蛋白質：**32.6** g

脂質：**9.5** g

碳水化合物：**64.0** g

鹽分：**1.9** g

P（蛋白質）

120 / 100 / 80 / 60 / 40 / 20

C（碳水化合物）　　F（脂質）

---

# 五穀雜糧飯　150g（**1**餐份）

熱量：**237**kcal　蛋白質：**4.0**g　脂質：**0.9**g　碳水化合物：**51.4**g　鹽分：**0.0**g

# 豆苗豬肉捲便當

便當不可少的豬肉捲及玉子燒，冷凍保存美味也不會流失。
再搭配上醋拌泡菜，讓便當充滿五顏六色。

CHECK
[ 復熱時間 ]
微波爐600W
**6分30秒**

### RECIPE.01

將爽脆的豆苗捲起，烹調成甜辣口味

# 豆苗豬肉捲

熱量：**229**kcal　蛋白質：**23.4**g　脂質：**12.2**g　碳水化合物：**4.3**g　鹽分：**1.5**g（1餐份）

**材料（4餐份）**

豬里肌薄切肉片（去除脂肪）…16～20片（400g）

鹽…1/2 小匙

胡椒…少許

豆苗…2 包

A 醬油…1 大匙
　味酥…1 大匙
　麻油…少許

**作法**

1　豆苗切成一半長度。

2　豬肉撒上鹽、胡椒。

3　將 1 擺在 2 上捲成肉捲。

4　麻油倒入平底鍋中以中火燒熱，將 3 的肉捲末端朝下排入鍋中。待煎至上色後，將肉捲翻動使整體煎熟，加入拌勻的材料 A，使肉捲沾裹上醬汁並收乾。

〔POINT〕豬肉去除脂肪後，熱量就能減少大約一半。

### RECIPE.02

提升鮮味、補充鈣質就靠丁香魚乾

# 丁香魚乾青蔥玉子燒

熱量：**68**kcal　蛋白質：**6.2**g　脂質：**4.3**g　碳水化合物：**0.3**g　鹽分：**0.7**g（1餐份）

**材料（4餐份）**

蛋…3 個

A 丁香魚乾…15g
　青蔥（切蔥花）…10g
　高湯…3 大匙
　鹽…1 小撮
麻油…少許

**作法**

1　蛋打散，加入材料 A 後充分混合均勻。

2　麻油倒入玉子燒鍋中勻開後以中火燒熱，倒入適量的 1。煎熟後從鍋邊捲起來靠在鍋邊再倒油勻開，接著再倒入適量的 1。重覆上述步驟完成玉子燒。

3　用竹簾整型，放涼後切成 8 等分。

### RECIPE.03

清脆又爽口的食感

# 醋拌杏鮑菇甜椒

熱量：**20**kcal　蛋白質：**1.2**g　脂質：**0.2**g　碳水化合物：**5.0**g　鹽分：**0.1**g（1餐份）

**材料（4餐份）**

杏鮑菇…100g

紅甜椒…1 個

A 醋…2 小匙
　鹽…1/2 小匙
　胡椒…少許

**作法**

1　杏鮑菇、甜椒切成 3cm 長的細絲。

2　將 1 倒入耐熱調理碗中再撒上材料 A，微波加熱 2 分鐘，大略攪拌。

|—— TOTAL ——|

熱量：**565** kcal

蛋白質：**35.0** g

脂質：**18.2** g

碳水化合物：**63.0** g

鹽分：**2.3** g

P（蛋白質）
120 100 80 60 40 20

C（碳水化合物）　　　F（脂質）

# 糙米飯　150g（**1** 餐份）

熱量：**248**kcal　蛋白質：**4.2**g　脂質：**1.5**g　碳水化合物：**53.4**g　鹽分：**0.0**g

**PORK MEAL PREP.03** 　肌肉訓練　家人便當　運動員

# 薑燒豬肉便當

汁多飽滿的豬肉堪稱絕品，還能吃到大把黃綠色蔬菜！
色彩絢麗、分量完美的活力便當。

\ CHECK /
[ 復熱時間 ]
微波爐600W
**6分**

## RECIPE.01

利用洋蔥及蘋果酵素軟化肉質

# 薑燒豬肉佐鹽味燙青花菜

熱量：**252**kcal　蛋白質：**24.0**g　脂質：**12.5**g　碳水化合物：**8.9**g　鹽分：**1.2**g（1餐份）

**a 大豆**

在豆類當中，蛋白質含量數一數二。

### 材料（4餐份）

豬里肌（薑燒豬肉用／
　去除脂肪）…400g
鹽、胡椒…各少許
A 洋蔥（磨泥）…2大匙
　蘋果（磨泥）…2大匙
　生薑（磨泥）…2大匙
B 醬油…1又1/2大匙
　味醂…1又1/2大匙
橄欖油…少許
青花菜…200g

### 作法

1 豬肉去筋，撒上鹽、胡椒，用拌勻後的
　材料 A 搓揉入味，靜置30分鐘。
2 橄欖油倒入平底鍋以中火燒熱，1連
　同湯汁倒入鍋中再將兩面煎一煎，加入
　拌勻的材料 B 後，使豬肉沾裹上醬汁並
　收乾。
3 青花菜分成小朵。用鹽水（1公升熱水
　加入1大匙鹽）氽燙1分30秒～2分鐘，
　並將水分瀝乾。

〔POINT〕可加入少許蜂蜜取代蘋果。裝入容器時，
　　　　 將醬汁淋在肉上，才能保持濕潤口感。

## RECIPE.02

軟化的紅蘿蔔和水煮大豆十分對味

# 大豆紅蘿蔔沙拉

熱量：**55**kcal　蛋白質：**3.6**g　脂質：**1.8**g　碳水化合物：**6.7**g　鹽分：**0.9**g（1餐份）

### 材料（4餐份）

紅蘿蔔…200g
鹽…1/2小匙
大豆 ª（水煮）…100g
A 醋…2小匙
　胡椒…少許

### 作法

1 紅蘿蔔切成絲，撒上鹽後輕輕搓揉，再
　將水分擠乾。
2 大豆瀝乾湯汁後放入塑膠袋中，用磨缽
　木杵等工具大略壓碎。
3 將 1、2 倒在一起，再以材料 A 拌勻。

### ├ TOTAL ┤

熱量：**544** kcal

蛋白質：**31.6** g

脂質：**15.2** g

碳水化合物：**67.0** g

鹽分：**2.1** g

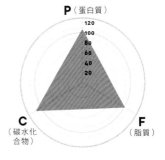

P（蛋白質）
120
100
80
60
40
20
C（碳水化合物）
F（脂質）

# 五穀雜糧飯　150g（**1**餐份）

熱量：**237**kcal　蛋白質：**4.0**g　脂質：**0.9**g　碳水化合物：**51.4**g　鹽分：**0.0**g

宅配給父母　減肥　運動員

# 豬肉豆腐丸
# 便當

主菜是大顆豬肉丸。
肉質鬆軟，高齡者也容易入口。
再搭配清脆的酒蒸配菜，
讓口感成為一大亮點。

| CHECK |

[ 復熱時間 ]
微波爐600W

**6分30秒**

**RECIPE.01**

將麥麩混入肉丸，微波爐復熱後依舊鬆軟可口

# 豬肉豆腐丸佐鹽味燙四季豆

熱量：**149**kcal 蛋白質：**16.4**g 脂質：**4.1**g 碳水化合物：**10.5**g 鹽分：**1.6**g（1餐份）

## 材料( 4餐份 )

A 豬絞肉（瘦肉）…200g
  木綿豆腐…200g
  日本大蔥…1/4 根
  生薑…1 小塊
  太白粉…3 大匙
  鹽、胡椒…各少許
B 番茄汁 [a]（無鹽）…
    190ml
  醬油…1 大匙
  味醂…1 大匙
  醋…1 小匙
  鹽…1/2 小匙
  胡椒…少許
  四季豆…100g

## 作法

1 豆腐壓著重物靜置 10 分鐘左右，再將水分壓乾。
2 麥麩切碎。日本大蔥、生薑切末。
3 材料 A 揉和均勻，搓圓成一口大小。
4 材料 B 倒入平底鍋中以中火煮滾，再加入 3。不時搖晃鍋子，煮 5 ～ 8 分鐘直到湯汁變濃稠為止。
5 四季豆切去蒂頭，再切成一半長度。以鹽水（1 公升熱水加入 1 大匙鹽）汆燙 1 分 30 秒左右，再將水分瀝乾。

a 番茄汁
可有效攝取到茄紅素及 β-胡蘿蔔素！

b 黑木耳
泡發後會漲大成 7 倍。富含膳食纖維。

---

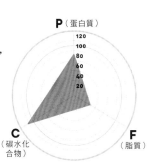

**| TOTAL |**

熱量：**427** kcal

蛋白質：**24.7** g

脂質：**5.8** g

碳水化合物：**66.0** g

鹽分：**2.5** g

**P**（蛋白質）
120
100
80
60
40
20

**C**（碳水化合物）

**F**（脂質）

---

**RECIPE.02**

口感清脆，細細咀嚼可防止過食

# 酒蒸黑木耳青江菜蝦仁

熱量：**30**kcal 蛋白質：**4.1**g 脂質：**0.2**g 碳水化合物：**2.1**g 鹽分：**0.9**g（1餐份）

## 材料( 4餐份 )

黑木耳 [b]（乾燥）…5g
蝦仁…80g
酒…2 大匙
鹽…1/2 小匙
青江菜…150g

## 作法

1 黑木耳用水泡發，再將水分擠乾。
2 蝦仁去腸泥後，撒上酒、鹽。
3 青江菜切成 2cm 寬。
4 將 1、連同湯汁的 2、3 倒入平底鍋中，蓋上鍋蓋以中火蒸 3 分鐘左右。

# 糙米飯 150g（1餐份）

熱量：**248**kcal 蛋白質：**4.2**g 脂質：**1.5**g 碳水化合物：**53.4**g 鹽分：**0.0**g

肌肉訓練　家人便當

# 青椒肉絲便當

重口味的中華料理也能
如此健康！便當裡滿滿
都是讓人一眼著迷、色
彩繽紛的配菜。

\ CHECK /
[ 復熱時間 ]
微波爐600W
6分30秒

**RECIPE.01**

用甜椒和杏鮑菇加入變化！

# 青椒肉絲

熱量：185kcal　蛋白質：22.6g　脂質：6.1g　碳水化合物：9.5g　鹽分：2.2g（1餐份）

## 材料（4餐份）

瘦肉部分的牛肉塊…400g

鹽…1/2 小匙

胡椒…少許

A 蠔油…1 又 1/2 大匙

　醬油…1 大匙

　味醂…1 大匙

　醋…1 小匙

　麻油…1 小匙

青椒…3 個

紅甜椒…1 個

杏鮑菇…100g

## 作法

1 青椒、甜椒、杏鮑菇切成絲。

2 牛肉切成絲，撒上鹽、胡椒，再用材料 A 搓揉入味，然後與 1 混合攪拌。

3 將 2 倒入平底鍋中，蓋上鍋蓋以中火蒸烤 3 分鐘左右。掀開鍋蓋後轉成大火，整鍋攪拌一下使湯汁收乾，同時拌炒 2 分鐘左右。

**RECIPE.02**

榨菜的鮮味是一大重點，再搭配上櫛瓜的絕佳口感

# 櫛瓜榨菜玉子燒

熱量：62kcal　蛋白質：4.9g　脂質：4.1g　碳水化合物：0.7g　鹽分：0.9g（1餐份）

## 材料（4餐份）

A 蛋…3 個

　櫛瓜…50g

　鹹榨菜…20g

　高湯…2 大匙

　鹽、胡椒…各少許

麻油…少許

## 作法

1 櫛瓜切成 5mm 的小丁。榨菜切成粗末。

2 蛋打散，加入剩餘的材料 A 後充分攪拌均勻。

3 麻油倒入玉子燒鍋中勻開後以中火燒熱，倒入適量的 2。煎熟後從鍋邊捲起來靠在鍋邊再倒油勻開，接著再倒入適量的 2。重覆上述步驟完成玉子燒。

4 待稍微放涼後切成 8 等分。

## ┤TOTAL├

熱量：484 kcal

蛋白質：31.5 g

脂質：11.1 g

碳水化合物：61.6 g

鹽分：3.1 g

**P**（蛋白質）
120
100
80
60
40
20

**C**（碳水化合物）　　**F**（脂質）

# 五穀雜糧飯　150g（1餐份）

熱量：237kcal　蛋白質：4.0g　脂質：0.9g　碳水化合物：51.4g　鹽分：0.0g

肌肉訓練　家人便當　運動員

# 韓式拌飯
# 便當

將五顏六色的韓式拌菜、
牛肉、鹽漬蕪菁
鋪滿在米飯上。
全部食材拌勻再享用
更美味。

| CHECK |
[ 復熱時間 ]
微波爐600W
6分30秒

RECIPE.01

品嘗時還可再加入韓式辣醬！

# 韓式拌飯

熱量：**269**kcal　蛋白質：**28.1**g　脂質：**10.9**g　碳水化合物：**13.7**g　鹽分：**2.7**g（1餐份）

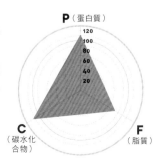

**a 豆渣粉**
撒在菠菜下方，以吸收多餘水分。

## 材料（4餐份）

瘦肉部分的牛肉塊…400g
鹽…1/3 小匙
胡椒…少許
A 蒜頭（磨泥）…1 瓣的
　分量
　生薑（磨泥）…1 小塊
　的分量
　韓式辣醬…2 大匙
　醬油…1 大匙
　味醂…1 大匙
　麻油…1 小匙
B 蛋…3 個
　鹽 1/3 小匙
菠菜…150g
紅蘿蔔…100g
杏鮑菇…100g
麻油…少許
海苔絲…適量
白芝麻粉…1 小匙

## 作法

1 牛肉切成絲，撒上鹽、胡椒後用材料 A 搓揉入味，靜置 10 分鐘左右。
2 麻油倒入平底鍋中以中火燒熱，材料 B 打散後倒入鍋中，煎成蛋皮。放涼後切成絲。
3 將 1 倒入同一把平底鍋中攤平，蓋上鍋蓋後以中火蒸烤 2 分鐘。掀開鍋蓋後轉成大火，一面攪散一面將整鍋拌炒。
4 菠菜以鹽水（1 公升熱水加入 1 大匙鹽）汆燙 1 分鐘，再泡在冷水裡冷卻，擠乾水分後切成 3cm 寬。紅蘿蔔切成絲，用同一鍋鹽水汆燙 1 分鐘，將水分瀝乾。杏鮑菇切成絲，微波加熱 1 分鐘。
5 裝入容器時，在 2、3、4 下方鋪上海苔，最後再撒上芝麻。

〔POINT〕配料擺在米飯上頭時，可在菠菜下方分別撒上1小匙豆渣粉，以便吸收多餘水分。

RECIPE.02

加入生薑和紅辣椒風味更佳

# 鹽漬蕪菁

熱量：**9**kcal　蛋白質：**0.3**g　脂質：**0.1**g　碳水化合物：**2.1**g　鹽分：**1.0**g（1餐份）

## 材料（4餐份）

蕪菁…2 個
生薑…1 小塊
紅辣椒（切圈）…1 小撮
鹽…2/3 小匙

## 作法

1 蕪菁切成月牙形，60g 的葉子切成 3cm 寬。生薑切成絲。
2 將 1 與紅辣椒倒入塑膠袋中，撒上鹽後搓揉一下，靜置 10 分鐘左右再將水分擠乾。

**五穀雜糧飯** 150g +豆渣粉 a 1小匙（1餐份）
熱量：**250**kcal　蛋白質：**4.7**g　脂質：**1.3**g　碳水化合物：**52.9**g　鹽分：**0.0**g

**TOTAL**

熱量：**528** kcal
蛋白質：**33.1** g
脂質：**12.3** g
碳水化合物：**68.7** g
鹽分：**3.7** g

P（蛋白質）120 100 80 60 40 20
C（碳水化合物）　F（脂質）

# 漢堡排便當

大塊漢堡排，也可以很健康！
搭配上海藻沙拉，營養均衡無可挑剔。

[ CHECK ]
[ 復熱時間 ]
微波爐600W
**7**分

**RECIPE.01**

混入豆腐和麥麩後，口感鬆軟又健康

# 漢堡排佐鹽味燙蘆筍

熱量：**196**kcal　蛋白質：**20.5g**　脂質：**7.2g**　碳水化合物：**7.5g**　鹽分：**1.9g**（1餐份）

## 材料（4餐份）

A 牛絞肉（瘦肉）…300g
　木綿豆腐…150g
　小町麩 a…5g
　洋蔥…1/2 個
　蛋液…1/2 個的分量
　鹽…2/3 小匙
　胡椒…少許
小番茄…12 個
B 紅酒…100ml
　醬油…1 小匙
　芥末籽醬…1 小匙
　高湯粉…1 小匙
橄欖油…1 小匙
綠蘆筍…4 根

## 作法

1 豆腐壓著重物靜置 10 分鐘左右，將水分徹底壓乾。
2 麥麩切碎。洋蔥切末。小番茄切半。
3 材料 A 揉和均勻，分成 4 等分後搓圓。
4 橄欖油倒入平底鍋中以中火燒熱，將 **3** 兩面分別煎 2 分鐘左右。
5 加入小番茄、材料 **B**，煮 5 分鐘左右直到湯汁收乾為止。
6 蘆筍去粗絲後切成 3 等分。以鹽水（1 公升熱水加 1 大匙鹽）氽燙 30 秒左右，再泡在冷水裡冷卻，並將水分瀝乾。

a 小町麩
富含植物性蛋白質。常用於素食料理。

b 冷凍毛豆
和大豆一樣，內含優質蛋白質。

c 羊棲菜芽
羊棲菜葉子，比長的羊棲菜更軟嫩。

---

**RECIPE.02**

用芝麻醋拌一拌，呈現清爽風味

# 毛豆羊棲菜沙拉

熱量：**64**kcal　蛋白質：**4.5g**　脂質：**3.6g**　碳水化合物：**4.4g**　鹽分：**0.1g**（1餐份）

## 材料（4餐份）

冷凍毛豆 b（解凍）…淨重 120g
羊棲菜芽 c（乾燥）…5g
A 醋…1/2 大匙
　白芝麻粉…1 大匙
　鹽、胡椒…各少許

## 作法

1 羊棲菜芽用水泡發，充分洗淨後將水分擠乾。
2 材料 A 混合均勻，將毛豆、**1** 拌一拌。

**┤TOTAL├**

熱量：**508** kcal
蛋白質：**29.2** g
脂質：**12.3** g
碳水化合物：**65.3** g
鹽分：**2.0** g

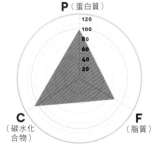

P（蛋白質）
120 100 80 60 40 20
C（碳水化合物）　　F（脂質）

---

# 糙米飯　150g（**1** 餐份）

熱量：**248**kcal　蛋白質：**4.2g**　脂質：**1.5g**　碳水化合物：**53.4g**　鹽分：**0.0g**

宅配給父母　　家人便當　　運動員

# 三色肉鬆便當

黃綠色蔬菜、蛋、絞肉營造出繽紛色彩。
蛋讓便當風味溫和好入口。
蔬菜切小一點，
以便享用時能全部拌均勻。

| CHECK |
[ 復熱時間 ]
微波爐600W
**6分30秒**

**RECIPE.01**

使用牛絞肉，滿足感大大提升！

# 三色肉鬆

熱量：**211**kcal　蛋白質：**23.2**g　脂質：**10.1**g　碳水化合物：**4.5**g　鹽分：**1.9**g（1餐份）

a　豆渣粉

撒在小松菜下方，以吸收多餘水分。

## 材料（4餐份）

牛絞肉（瘦肉）⋯300g

A 醬油⋯2 小匙

味醂⋯2 小匙

薑汁⋯2 小匙

味噌⋯1 大匙

B 蛋⋯4 個

鹽⋯1/4 小匙

小松菜⋯200g

醬油⋯1 小匙

麻油⋯1 小匙

## 作法

1 平底鍋以中火燒熱，材料 B 打散後倒入鍋中，充分攪拌，完成炒蛋後取出。

2 麻油倒入同一把平底鍋中以中火燒熱，將絞肉炒一炒，待炒熟後加入材料 A，使絞肉沾裹上醬汁並收乾。

3 小松菜以鹽水（1 公升熱水加入 1 大匙鹽）汆燙 1 分鐘，再泡在冷水裡冷卻，擠乾水分後切成 1cm 寬，用醬油拌一拌。

〔POINT〕配料擺在米飯上頭時，可在小松菜下方分別撒上1小匙豆渣粉，以便吸收多餘水分。

---

**RECIPE.02**

最適合作為三色肉鬆中的亮點

# 金平紅蘿蔔

熱量：**41**kcal　蛋白質：**0.7**g　脂質：**1.3**g　碳水化合物：**6.4**g　鹽分：**0.6**g（1餐份）

## 材料（4餐份）

紅蘿蔔⋯200g

紅辣椒（切圈）⋯1 小撮

A 醬油⋯2 小匙

味醂⋯2 小匙

鹽⋯少許

熟白芝麻⋯1/2 小匙

麻油⋯1 小匙

## 作法

1 紅蘿蔔切成絲。

2 麻油、紅辣椒倒入平底鍋中以中火燒熱，將 1 炒一炒。待炒軟後加入材料 A 使紅蘿蔔沾裹上醬汁，再加入芝麻混合均勻。

**├─┤ TOTAL ├─┤**

熱量：**512** kcal

蛋白質：**28.8** g

脂質：**13.3** g

碳水化合物：**65.9** g

鹽分：**2.5** g

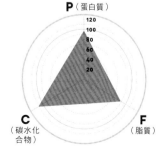

P（蛋白質）
120
100
80
60
40
20

C（碳水化合物）　　F（脂質）

---

# 糙米飯　150g ＋豆渣粉 ª 1 小匙（**1** 餐份）

熱量：**260**kcal　蛋白質：**4.9**g　脂質：**1.9**g　碳水化合物：**55.0**g　鹽分：**0.0**g

# 增肌＆減脂怎麼吃？

備餐便當是由國外的體適能圈開始炒熱話題。
平時有在做肌力訓練、對這方面十分注重的人，
想必對這樣的飲食習慣早已稀鬆平常。
現在就一起透過營養均衡的滿分飲食，打造出理想的肌肉吧！

## 增肌時多吃蛋白質，
## 減脂時選擇高蛋白低熱量食物

　　一般常說，打造理想身材九成得靠飲食。就算你拼了命地做訓練，假使飲食還是全靠外食或超商便當打發，努力只會形同泡影。首要之務，就是改善飲食的問題。話雖如此，相信很多人都覺得從頭學習如何飲食才能長肌肉，實在是件苦差事。

　　想要減去體脂肪、練出理想中的肌肉，關鍵在於增肌期和減脂期。增肌期須充分攝取碳水化合物與蛋白質，藉由熱量稍高的飲食達到肌肥大，讓身體變壯碩；反觀在減脂期則須以蛋白質為主，極力節制醣類與脂質的攝取量，減去多餘的體脂肪。

　　能夠幫助大家輕鬆實現上述飲食管理目標的方式，就是備餐便當。參考本書中的食譜，增肌期可採用 Part2 肉類主食、Part3 魚類主食的備餐便當，以及 Part6 的迷你備餐便當；減脂期只要採用低脂高蛋白的雞里肌和魚肉片這類備餐便當（米飯最好少一點），以及 Part5 的低醣菜色，就無可挑剔了。善用備餐便當，就能讓你隨時隨地攝取到理想的飲食。

## 增肌期的備餐便當！

切記蛋白質要多一點。
脂質和碳水化合物的熱量就沒必要斤斤計較。

▶ 蛋白質較多

章魚小黃瓜大豆
泡菜沙拉(見 p.122)

泰式烤雞腿肉便當(見 p.96)
＋五穀雜糧飯

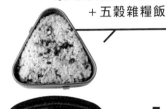

或

用香醇味噌
滿足味蕾

**＋**

溏心蛋
(見 p.124)

或

鯖魚罐頭
番茄湯
(見 p.132)

靠韓式辣醬增
添辣度與鮮味

味噌醃豬肉便當
(見 p.32)

- - - - - - - - - - - - - - - - - - - - - - - - - - - -

## 減脂期的備餐便當！

雖然希望減少脂質與碳水化合物，
但是必須均衡攝取魚類、豆類、酪梨等優良脂質。

炙燒鮪魚
便當
(見 p.52)

▶ 蛋白質多一些
脂質與碳水化合物少一點

用番茄醬汁呈
現西式風味

塔塔醬的味
道好爽口

檸檬大展身手
吃起來好爽口

鰹魚排便當（見 p.58)

燒烤鹽麴檸檬雞便當
(見 p.26)

## 這種時候該怎麼辦？
# 外帶備餐便當的技巧

### 冷凍保存的便當
### 直接放入保冷袋裡

想帶冷凍後的備餐便當到公司或健身房吃，切記一定要讓便當維持冷凍狀態攜帶。備餐便當千萬不能出門前復熱，等到稍微放涼後再外帶，因為微波加熱期間水分會流失，冷掉後食物會變硬。冷凍過的配菜或米飯，在享用的前一刻用微波爐復熱最好吃，所以還是在冷凍狀態下，直接放入保冷袋帶出門吧！

### 別忘了放入保冷劑唷！

冷凍的備餐便當放入保冷袋時，上頭務必擺放保冷劑，這樣才能提高保冷效果，確實維持冷凍狀態。

約 500kcal＆營養均衡無可挑剔！

# 魚類主食
# 備餐便當

要養成習慣，充分攝取內含 **EPA** 及 **DHA** 等優質油脂的魚類。
使用魚肉片烹調會更輕鬆方便，
不管日式或西式配菜，三兩下都能完成。

FISH MEAL PREP.01　　肌肉訓練　　家人便當　　減肥

# 炙燒鮪魚便當

淋上酪梨製成的塔塔醬後，炙燒料理變得好時尚！
這款便當還搭配上滿滿的蔬菜及菇類。

## RECIPE.01

紅椒粉也能用粗粒黑胡椒粉取代

# 炙燒鮪魚佐酪梨塔塔醬

熱量：**171**kcal　蛋白質：**28.1**g　脂質：**4.9**g　碳水化合物：**4.1**g　鹽分：**1.2**g（1餐份）

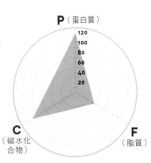

a　原味優格
可變化成清爽又健康
的塔塔醬。

### 材料（4餐份）

鮪魚（瘦肉／魚肉塊）…
　400g
A　鹽…1/3 小匙
　胡椒…少許
　蒜頭（磨泥）…1 瓣的
　　分量
杏鮑菇…100g
櫛瓜…1 根（100g）
鹽…少許
B　酪梨…1/2 個
　原味優格 ᵃ…1 大匙
　檸檬汁…1 小匙
　鹽…1/3 小匙
　胡椒…少許
　紅椒粉…少許

### 作法

1　杏鮑菇切成 1cm 厚。櫛瓜切成一半長
　度，再縱切成 1cm 厚。

2　鮪魚切成 8 等分，依序加入材料 A 搓揉
　入味。

3　將 1、2 排放在鋪有烘焙紙的烤盤上，1
　撒上鹽，烤箱預熱至 230℃，烤 10 分鐘
　左右。

4　酪梨壓碎，加入剩餘的材料 B 後混合均
　勻，舀到 3 上再撒上紅椒粉。

〔POINT〕品嘗時酪梨會稍微變色，但是只要事先
　　　　撒上紅椒粉，變色的情形就不會那麼明
　　　　顯了。

## RECIPE.02

芥末籽醬的粒粒口感是一大亮點

# 青菜紅蘿蔔芥末籽拌菜

熱量：**34**kcal　蛋白質：**2.1**g　脂質：**1.0**g　碳水化合物：**5.1**g　鹽分：**0.3**g（1餐份）

### 材料（4餐份）

菠菜…300g
紅蘿蔔…100g
A　芥末籽醬…1 大匙
　鹽、胡椒…各少許

### 作法

1　紅蘿蔔切成絲，以熱水汆燙 1 分鐘左
　右，再放在濾網上稍微放涼。

2　用同一鍋熱水將菠菜汆燙 1 分鐘左
　右，再泡在冷水裡冷卻，擠乾水分後
　切成 3cm 寬。

3　將 1、2 倒在一起，再以材料 A 拌勻。

# 五穀雜糧飯　150g（**1**餐份）

熱量：**237**kcal　蛋白質：**4.0**g　脂質：**0.9**g　碳水化合物：**51.4**g　鹽分：**0.0**g

**|TOTAL|**

熱量：442 kcal

蛋白質：34.2 g

脂質：6.8 g

碳水化合物：60.6 g

鹽分：1.5 g

P（蛋白質）
120 100 80 60 40 20

C（碳水化合物）　　　F（脂質）

# 鮭魚漢堡排便當

鮭魚切碎後製成的漢堡排，淋上和風醬汁即成絕品料理！
蔬菜炙燒後再冷凍，就能留住可口滋味。

\ CHECK /
[ 復熱時間 ]
微波爐600W
**7分**

**RECIPE.01**

加入雞絞肉讓分量更飽滿！也可用豆腐來取代

# 鮭魚漢堡排佐蕈菇醬

熱量：**283**kcal　蛋白質：**26.9**g　脂質：**15.3**g　碳水化合物：**7.7**g　鹽分：**1.8**g（1餐份）

a　豆渣粉
取代麵粉用於料理中
會更健康。

## 材料(4餐份)

A 鮭魚（生魚片）…300g
　雞絞肉（雞胸肉）…
　　150g
　洋蔥…1/2 個
　蛋液…1/2 個的分量
　豆渣粉ª…2 大匙
　鹽…2/3 小匙
　胡椒…少許
鴻喜菇…100g
青蔥…20g
生薑…1 小塊
B 水…2 大匙
　醬油…2 小匙
　味醂…2 小匙
　醋…1 小匙
　高湯粉…1/2 小匙
橄欖油…1 小匙

## 作法

1 鴻喜菇撕散成小朵。青蔥切成蔥花，生薑切末。

2 洋蔥切末。鮭魚用菜刀切碎。

3 材料 A 揉和均勻，分成 4 等分後搓圓。

4 橄欖油倒入平底鍋中以中火燒熱，將 3 兩面分別煎 3 分鐘左右後取出。

5 用平底鍋中剩餘的油以中火拌炒 1，加入材料 B，使 1 沾裹上醬汁，最後淋在 4 上。

〔POINT〕生魚片用的鮭魚脂肪較少，可省略去皮的工夫。用豆腐取代雞絞肉的話，須壓著重物靜置10分鐘左右，將水分徹底壓乾。接下來請使用麵粉來製作，而不要使用豆渣粉。

**RECIPE.02**

微波後檸檬入味，像在吃醋拌泡菜

# 炙燒蔬菜

熱量：**32**kcal　蛋白質：**1.2**g　脂質：**1.2**g　碳水化合物：**5.2**g　鹽分：**0.1**g（1餐份）

## 材料(4餐份)

綠蘆筍…4 根
紅甜椒…4 個
鹽、胡椒…各少許
橄欖油…1 小匙
檸檬（去皮後切成圓片）…
　4 片

## 作法

1 蘆筍去粗絲後切成 3 等分。甜椒切成 1cm 寬。

2 橄欖油倒入平底鍋中以中火燒熱，將 1 煎一煎，再撒上鹽、胡椒。

3 將檸檬汁擠在 2 上。

〔POINT〕在「鮭魚漢堡排佐蕈菇醬」的作法4中一起煎熟，會更省時。

# 糙米飯　150g（1餐份）

熱量：**248**kcal　蛋白質：**4.2**g　脂質：**1.5**g　碳水化合物：**53.4**g　鹽分：**0.0**g

**TOTAL**

熱量：**563** kcal
蛋白質：**32.3** g
脂質：**18.0**g
碳水化合物：**66.3** g
鹽分：**1.9** g

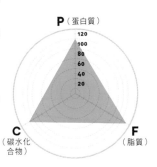

**FISH MEAL PREP.03** 宅配給父母 減肥

# 照燒劍旗魚便當

簡樸和風的便當。照燒醬汁的味道容易沾裹上魚肉，
搭配蔬菜類簡單調味便綽綽有餘。

## RECIPE.01

整片沾裹寒天粉芡汁更美味

# 照燒劍旗魚

熱量: **178**kcal　蛋白質: **20.2**g　脂質: **7.6**g　碳水化合物: **5.2**g　鹽分: **1.6**g（1餐份）

### 材料（4餐份）

劍旗魚（魚肉片）…4 片
　（400g）
鹽…1/2 小匙
紅蔥…100g
A 高湯…200ml
　醬油…1 大匙
　味醂…1 大匙
　薑汁…1 大匙
寒天粉 ᵃ…1 小匙

### 作法

1 劍旗魚撒上鹽後靜置 10 分鐘左右，再用廚房紙巾將水分擦乾。

2 紅蔥切成 4cm 寬。

3 材料 A 倒入平底鍋中以中火煮滾，加入寒天粉、1、2 後煮 5 分鐘左右。

a 寒天粉

可用來勾芡，比太白粉更健康。

## RECIPE.02

微波加熱後就有滷過的好滋味

# 白蘿蔔炒火腿

熱量: **53**kcal　蛋白質: **3.2**g　脂質: **3.5**g　碳水化合物: **2.3**g　鹽分: **1.0**g（1餐份）

### 材料（4餐份）

白蘿蔔…200g
里肌火腿…5 片（70g）
鹽…2 小撮
胡椒…少許
麻油…1 小匙

### 作法

1 白蘿蔔切成厚一點的長條狀。火腿切半，再切成 1cm 寬。

2 麻油倒入平底鍋中以大火燒熱，拌炒 1 約 1 分鐘，再撒上鹽、胡椒。

〔POINT〕白蘿蔔會出水，所以裝入容器時要分隔開來。

## RECIPE.03

富含 β - 胡蘿蔔素，可長保肌膚美麗

# 鹽漬紅蘿蔔片

熱量: **10**kcal　蛋白質: **0.2**g　脂質: **0.1**g　碳水化合物: **2.3**g　鹽分: **0.4**g（1餐份）

### 材料（4餐份）

紅蘿蔔…100g
鹽…1/4 小匙

### 作法

1 紅蘿蔔用削皮器削成薄片，撒上鹽後輕輕搓揉，再將水分擠乾。

〔POINT〕裝入容器後，沾上紅燒醬汁的狀態也很美味。

### ├ TOTAL ┤

熱量: 478 kcal
蛋白質: 27.6 g
脂質: 12.1 g
碳水化合物: 61.2 g
鹽分: 3.0 g

**P**（蛋白質）
120
100
80
60
40
20
**C**（碳水化合物）
**F**（脂質）

# 糙米飯　150g（**1**餐份）

熱量: **237**kcal　蛋白質: **4.0**g　脂質: **0.9**g　碳水化合物: **51.4**g　鹽分: **0.0**g

MEAL PREP

PART 3

FISH

肌力訓練 減肥 運動員

# 鰹魚排便當

帶特殊腥味的鰹魚，搭配上西式番茄醬汁會更好吃！
沙拉不加美奶滋，減少熱量與脂質的攝取。

丨CHECK丨
[ 復熱時間 ]
微波爐600W
**6**分**30**秒

RECIPE.01

### 用番茄等食材拌炒而成的醬汁最對味
# 鰹魚排佐蒸高麗菜

熱量:160kcal 蛋白質:27.0g 脂質:2.8g 碳水化合物:6.0g 鹽分:1.2g（1餐份）

a 腰豆
又稱腎豆。富含鐵質
及鈣質。

#### 材料(4餐份)

鰹魚（魚肉塊）…400g
鹽…2/3 小匙
胡椒…少許
番茄…1 個
洋蔥…1/4 個
巴西利…15g
蒜頭…1 瓣
A 白酒醋…2 大匙
　第戎芥末醬…1/2 小匙
　鹽、胡椒…各少許
橄欖油…2 小匙
高麗菜…150g

#### 作法

1 鰹魚切成 1cm 厚，撒上鹽靜置 10 分鐘，用廚房紙巾將水分擦乾再撒上胡椒。

2 番茄去蒂，再大略切碎。洋蔥、巴西利切末。蒜頭壓碎。

3 1 小匙橄欖油倒入平底鍋中，以中火爆香蒜頭，將 1 兩面煎一煎後取出。

4 再加入 1 小匙橄欖油到平底鍋中，以中火拌炒洋蔥，待炒軟後加入番茄、巴西利後迅速炒一下。然後加入材料 A 混合均勻，再淋在 3 上。

5 高麗菜切成 5mm 寬的細絲，用保鮮膜包起來微波加熱 1 分鐘。

〔POINT〕淋上醬汁後，可保持濕潤口感。

RECIPE.02

### 維生素 E 豐富的南瓜有助於美容肌膚
# 南瓜腰豆沙拉

熱量:86kcal 蛋白質:3.5g 脂質:0.7g 碳水化合物:16.5g 鹽分:0.5g（1餐份）

#### 材料(4餐份)

南瓜…200g
腰豆[a]（水煮）…100g
A 起司粉…2 小匙
　鹽…1/3 小匙
　胡椒…少許

#### 作法

1 南瓜切成一口大小，排放在耐熱盤中，微波加熱 3 分 30 秒，取出靜置放涼。

2 將 1 壓碎，和瀝乾湯汁的腰豆倒在一起，以材料 A 拌勻。

┤TOTAL├

熱量:494 kcal

蛋白質:34.7 g

脂質:5.0 g

碳水化合物:75.9 g

鹽分:1.7 g

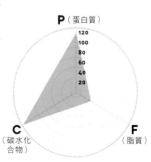

P（蛋白質）
120
100
80
60
40
20
C（碳水化合物）　F（脂質）

# 糙米飯　150g（**1 餐份**）

熱量:248kcal 蛋白質:4.2g 脂質:1.5g 碳水化合物:53.4g 鹽分:0.0g

FISH MEAL PREP.05 | 肌肉訓練 | 家人便當 | 減肥

# 燒烤味噌芥末
# 鮭魚便當

趁著燒烤鮭魚和配料的期間準備沙拉，
短時間就能備妥便當，品嘗鮮美好滋味。

[ CHECK ]
[ 復熱時間 ]
微波爐600W
6分30秒

**RECIPE.01**

燒烤至焦香醇厚的醬汁讓人大大滿足

# 燒烤味噌芥末鮭魚

熱量：**185**kcal　蛋白質：**24.7**g　脂質：**5.2**g　碳水化合物：**10.0**g　鹽分：**1.5**g（1餐份）

a　大豆
異黃酮也具有防止骨骼老化的效果。

## 材料（4餐份）

生鮭魚（魚肉片）…4片
　　（400g）
鹽…少許
杏鮑菇…100g
洋蔥…1個
A 味噌…2 大匙
　 芥末籽醬…2 小匙
　 蜂蜜…2 小匙

## 作法

1 鮭魚撒上鹽後靜置 10 分鐘左右，再用廚房紙巾將水分擦乾。
2 杏鮑菇切成 1cm 厚。洋蔥切成 1cm 厚的圓片狀。
3 將 1、2 排放在鋪有烘焙紙的烤盤上。材料 A 混合均勻後塗在 1 上，以預熱至 230℃的烤箱烤 10 分鐘左右。

**RECIPE.02**

西洋芹能恢復精力、穩定情緒

# 大豆鹽漬西洋芹高麗菜沙拉

熱量：**45**kcal　蛋白質：**3.7**g　脂質：**1.8**g　碳水化合物：**4.2**g　鹽分：**1.2**g（1餐份）

## 材料（4餐份）

大豆[a]（水煮）…100g
西洋芹（莖部）…100g
高麗菜…100g
鹽…1 小匙
醋…2 小匙

## 作法

1 西洋芹切成薄片，高麗菜切成絲，撒上鹽後搓揉一下，再將水分擠乾。
2 將瀝乾湯汁的大豆、1 倒在一起，用醋拌一拌。

**⊢TOTAL⊣**

熱量：**467** kcal
蛋白質：**32.4** g
脂質：**7.9** g
碳水化合物：**65.6** g
鹽分：**2.7** g

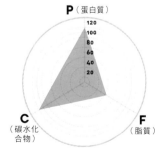

P（蛋白質）
120 100 80 60 40 20
C（碳水化合物）　F（脂質）

# 五穀雜糧飯　150g（1餐份）

熱量：**237**kcal　蛋白質：**4.0**g　脂質：**0.9**g　碳水化合物：**51.4**g　鹽分：**0.0**g

# 印度風味劍旗魚便當

配菜只須用烤箱烤熟，一次大量做好備用超方便！
零油主菜搭配炒物副菜，正好兩相互補。

CHECK
[ 復熱時間 ]
微波爐600W
**7**分

RECIPE.01

咖哩粉可促進脂肪燃燒還能幫助發汗

# 印度烤劍旗魚

熱量：**185**kcal 蛋白質：**20.6**g 脂質：**8.2**g 碳水化合物：**6.3**g 鹽分：**1.9**g（1餐份）

a 原味優格
魚肉搓揉入味後，也
能燒烤得軟嫩可口。

## 材料（4餐份）

劍旗魚（魚肉片）…4 片
（400g）

鹽…1 小匙

A 原味優格 a …3 大匙
番茄醬…2 小匙
咖哩粉…1 小匙
蒜頭（磨泥）…1 瓣的
分量
生薑（磨泥）…1 小塊
的分量

櫛瓜…1 根（100g）

紅甜椒…1 個

鹽、胡椒…各少許

## 作法

1 劍旗魚撒上 1 小匙鹽後靜置 10 分鐘左
右，再用廚房紙巾將水分擦乾。材料 A
混合均勻後沾裹上劍旗魚。

2 櫛瓜切成一半長度，再縱切成 1cm 厚。
甜椒切成 1cm 寬。

3 將 1、2 排放在鋪有烘焙紙的烤盤上，
並在 2 上分別撒上少許鹽、胡椒，以預
熱至 230℃的烤箱烤 10 分鐘左右。

〔POINT〕甜椒加熱後就會變得像水果一樣甜。

b 鷹嘴豆
富含膳食纖維及維生
素B1等營養素。

---

RECIPE.02

鐵質豐富的菠菜最適合用來養肌肉

# 菠菜炒鷹嘴豆

熱量：**67**kcal 蛋白質：**4.0**g 脂質：**1.9**g 碳水化合物：**9.2**g 鹽分：**0.5**g（1餐份）

## 材料（4餐份）

菠菜…300g

鷹嘴豆 b（水煮）…100g

鹽…2 小撮

胡椒…少許

橄欖油…1 小匙

## 作法

1 菠菜以熱水汆燙 1 分鐘左右，將水分
擠乾後大略切碎。

2 橄欖油倒入平底鍋中以大火燒熱，將
1、瀝乾湯汁的鷹嘴豆炒一炒，最後用
鹽、胡椒調味。

**| TOTAL |**

熱量：**500** kcal

蛋白質：**28.8** g

脂質：**11.6** g

碳水化合物：**68.9** g

鹽分：**2.4** g

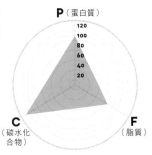

P（蛋白質）

120
100
80
60
40
20

C（碳水化合物） F（脂質）

# 糙米飯 150g（**1**餐份）

熱量：**248**kcal 蛋白質：**4.2**g 脂質：**1.5**g 碳水化合物：**53.4**g 鹽分：**0.0**g

# 燒烤味噌起司
# 白肉魚便當

清淡的白肉魚搭配上味噌和起司後，立刻變身滿足感十足的配菜。
拌菜加入炒蛋後，風味更溫和。

## RECIPE.01

燒烤前記得撒上咖哩粉

# 燒烤味噌起司白肉魚

熱量：**143**kcal　蛋白質：**21.8**g　脂質：**3.0**g　碳水化合物：**7.4**g　鹽分：**2.1**g（**1**餐份）

a　櫻花蝦
帶殼櫻花蝦能充分補充鈣質。

### 材料（4餐份）

白肉魚（鱈魚／魚肉片）…
　4 片（400g）
鹽…1/2 小匙
味噌…4 小匙
起司片…2 片
咖哩粉…少許
四季豆…60g
蓮藕…4cm（100g）
香菇…4 朵
鹽…少許

### 作法

1　白肉魚撒上 1/2 小匙鹽後靜置 10 分鐘左右，再用廚房紙巾將水分擦乾。

2　四季豆切去蒂頭，再切成一半長度。蓮藕切成 1cm 厚的圓片狀。香菇去蒂。

3　將 **1**、**2** 排放在鋪有烘焙紙的烤盤上。**1** 塗上味噌，再擺上切成一半的起司，並撒上咖哩粉。**2** 撒上少許鹽。以預熱至 230℃的烤箱烤 10 分鐘左右。

## RECIPE.02

用鈣質豐富的組合強健骨骼

# 小松菜櫻花蝦拌菜

熱量：**38**kcal　蛋白質：**4.4**g　脂質：**1.6**g　碳水化合物：**2.0**g　鹽分：**0.6**g（**1**餐份）

### 材料（4餐份）

小松菜…300g
櫻花蝦[a]（乾燥）…10g
A　蛋…1 個
　　鹽…1 小撮
醬油…1 小匙

### 作法

1　小松菜用鹽水（1 公升熱水加入 1 大匙鹽）汆燙 1 分鐘左右，再泡在冷水裡冷卻，擠乾水分後大略切碎。

2　櫻花蝦大略切碎。

3　平底鍋以中火燒熱，材料 A 打散後倒入鍋中，用調理筷充分攪拌，完成炒蛋後取出。

4　將 **1**、**2**、**3** 以醬油拌合。

### ┨TOTAL┠

熱量：**418** kcal
蛋白質：**30.2** g
脂質：**5.5** g
碳水化合物：**60.8** g
鹽分：**2.7** g

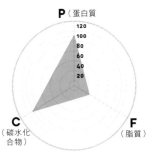

P（蛋白質）
120
100
80
60
40
20

C（碳水化合物）　　　F（脂質）

# 五穀雜糧飯　　150g（**1**餐份）

熱量：**237**kcal　蛋白質：**4.0**g　脂質：**0.9**g　碳水化合物：**51.4**g　鹽分：**0.0**g

# 豆渣鯖魚鬆便當

脂質含量多的鯖魚不能放得太多,所以改用豆渣增加份量。
善用平底鍋、湯鍋、微波爐同時料理3道配菜,省下好多時間!

**RECIPE.01**

加入豆渣增量，同時提升膳食纖維

# 豆渣鯖魚鬆

熱量: **155**kcal　蛋白質: **11.2**g　脂質: **8.1**g　碳水化合物: **8.1**g　鹽分: **1.2**g（1餐份）

**材料( 4 餐份 )**

鯖魚（半片）…150g

生豆渣 ª…150g

A 生薑（切末）…1 小塊
　　的分量

　味噌…1 又 1/2 大匙

　醬油…1 小匙

　味醂…1 小匙

荷蘭豆…10 個

**作法**

1 鯖魚用湯匙將魚肉刮下來。

2 將 **1** 用平底鍋炒一炒。待炒熟後，加入豆渣拌炒，再加入材料 **A** 混合均勻。

3 荷蘭豆去粗絲後切成絲。

〔POINT〕裝入容器時，2、3的食材要擺在冷卻的糙米飯上。

a 生豆渣

含有大量不溶性膳食纖維，可消除便祕。

b 蘿蔔乾

有豐富的膳食纖維、鉀和鐵質等營養素。

**RECIPE.02**

低脂高蛋白的竹輪也很適合用來增肌

# 滷竹輪蘿蔔乾

熱量: **61**kcal　蛋白質: **4.0**g　脂質: **0.6**g　碳水化合物: **9.8**　鹽分: **1.1**g（1餐份）

**材料( 4 餐份 )**

竹輪…100g

蘿蔔乾 ᵇ…20g

紅蘿蔔…50g

高湯…200ml

A 醬油…2 小匙

　味醂…2 小匙

**作法**

1 蘿蔔乾用水泡發，大略切碎後將水分擠乾。

2 竹輪切成 5mm 寬的圓片狀。紅蘿蔔切成絲。

3 高湯、**1**、**2** 倒入鍋中以中火煮滾後，加入材料 **A** 再蓋上鍋蓋，轉成小火加熱 10 分鐘，煮到滷汁收乾為止。

**┫TOTAL┣**

熱量: **532** kcal

蛋白質: **20.8** g

脂質: **10.4** g

碳水化合物: **86.8** g

鹽分: **2.3** g

**RECIPE.03**

豐富的 β - 胡蘿蔔素可增強免疫力

# 蒸南瓜

熱量: **68**kcal　蛋白質: **1.4**g　脂質: **0.2**g　碳水化合物: **15.5**g　鹽分: **0.0**g（1餐份）

**材料( 4 餐份 )**

南瓜…300g

**作法**

1 南瓜切成小一點的一口大小，排放在耐熱盤中再包上保鮮膜，微波加熱 4 分鐘，取出靜置放涼。

〔POINT〕包著保鮮膜靜置放涼，南瓜才會濕潤好吃。

**P**（蛋白質）

120
100
80
60
40
20

**C**（碳水化合物）

**F**（脂質）

# 糙米飯　150g（**1**餐份）

熱量: **248**kcal　蛋白質: **4.2**g　脂質: **1.5**g　碳水化合物: **53.4**g　鹽分: **0.0**g

宅配給父母　減肥

# 炙燒白肉魚便當

簡單燒烤的白肉魚，淋上濃醇醬汁放入便當。
玉子燒加了鹽昆布，免調味即可輕鬆完成。

| CHECK |

[ 復熱時間 ]
微波爐600W
**6分**

**RECIPE.01**

沾裹上鮮味十足的醬汁，讓口感更上一層

# 炙燒白肉魚佐韭菜蕈菇醬

熱量：**173**kcal　蛋白質：**18.5**g　脂質：**8.8**g　碳水化合物：**5.1**g　鹽分：**1.9**g（1餐份）

a　寒天粉
由海藻製成，富含膳食纖維。

### 材料（4餐份）

白肉魚（日本櫛鯛／魚肉片）/4片（400g）

鹽…1/2 小匙

韭菜…50g

金針菇…80g

鴻喜菇…80g

雞高湯…150ml

A　蠔油…1/2 大匙
　　醬油…1/2 大匙
　　味醂…1/2 大匙

寒天粉ª…1 小匙

### 作法

1　白肉魚切半，撒上鹽後靜置 10 分鐘，再用廚房紙巾將水分擦乾，以大火的瓦斯烤箱（兩面燒烤）烤 7 分鐘左右。

2　韭菜切成 1cm 寬，金針菇切成 2cm 寬。鴻喜菇撕散。

3　雞高湯用鍋子復熱，再加入 2、材料 A、寒天粉，一面攪拌同時以中火煮 2 分鐘左右。

4　待 3 冷卻凝固後，淋在 1 上。

**RECIPE.02**

青椒籽不去掉也無妨

# 青椒玉子燒

熱量：**66**kcal　蛋白質：**5.4**g　脂質：**4.2**g　碳水化合物：**2.1**g　鹽分：**0.8**g（1餐份）

### 材料（4餐份）

A　蛋…3 個
　　青椒…2 個
　　鹽昆布…15g
　　高湯…3 大匙

麻油…少許

### 作法

1　青椒切成 5mm 的小丁。

2　蛋打散，加入剩餘的材料 A 後充分混合均勻。

3　麻油倒入玉子燒鍋中勻開後以中火燒熱，倒入適量的 2。煎熟後從鍋邊捲起來，靠在鍋邊再倒油勻開，接著再倒入適量的 2。重覆上述步驟完成玉子燒。

4　待稍微放涼後切成 8 等分。

**├─┤ TOTAL ├─┤**

熱量：**487** kcal

蛋白質：**28.1** g

脂質：**14.5** g

碳水化物：**60.6** g

鹽分：**2.7** g

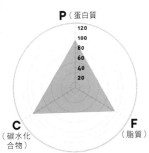

P（蛋白質）

120
100
80
60
40
20

C（碳水化合物）　　F（脂質）

# 糙米飯　150g（**1**餐份）

熱量：**248**kcal　蛋白質：**4.2**g　脂質：**1.5**g　碳水化合物：**53.4**g　鹽分：**0.0**g

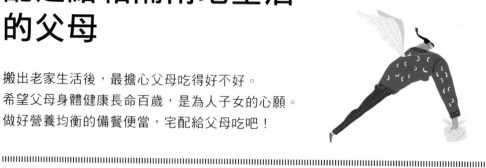

# 配送給相隔兩地生活的父母

搬出老家生活後，最擔心父母吃得好不好。
希望父母身體健康長命百歲，是為人子女的心願。
做好營養均衡的備餐便當，宅配給父母吃吧！

## 準備口味清爽、軟嫩好入口的料理。
## 營養均衡無可挑剔的備餐便當，最叫人放心

離開老家生活之後，總是愈來愈擔心父母有沒有好好吃。過去為家人努力準備三餐的母親年紀也逐漸大了，下廚做菜會變得很費事，於是習慣以現成熟食打發三餐……。這樣的飲食習慣一久，營養肯定失衡。尤其市售的熟食通常油脂含量過多，口味也偏重，容易導致攝取過多脂肪及鹽分，造成高血壓、動脈硬化或是心臟病等疾病。

如果希望父母能飲食營養均衡，不如幫他們準備備餐便當吧！除了適合高齡者的清淡又軟嫩的食物之外，

年紀愈大容易喪失肌肉及體力，因此高蛋白的菜色更是理想。調味方面，由於每個人喜好不盡相同，不妨打電話問看看父母想吃些什麼。

如果父母就住在附近，可以直接帶著做好的備餐便當過去陪他們享用，吃不完的再冷凍起來就好。邊聊天邊用餐，相信會讓父母食慾更好、更愛吃飯。如果住得比較遠，不妨準備兩種備餐便當冷凍宅配，記得要叮嚀他們，收到宅配後要馬上把便當放進冷凍庫保存。

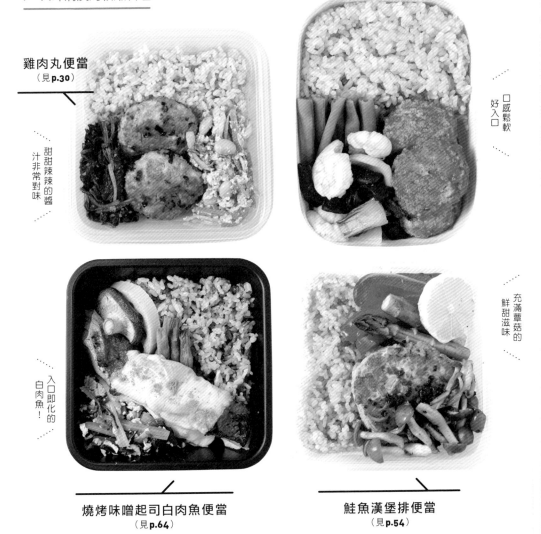

## 給高齡雙親的備餐便當！

避免重口味的菜色，選擇清淡的料理。
另外還要考量到嚼勁十足的食物不方便高齡者食用，
最好準備燒烤後軟嫩好入口的絞肉或魚肉作配菜，吃得更安心。

▶ 口味清淡的軟嫩料理

**豬肉豆腐丸子便當**
（見**p.38**）

**雞肉丸便當**
（見**p.30**）

甜甜辣辣的醬
汁非常對味

口感鬆軟
好入口

入口即化的
白肉魚！

充滿蕈菇的
鮮甜滋味

**燒烤味噌起司白肉魚便當**
（見**p.64**）

**鮭魚漢堡排便當**
（見**p.54**）

# 堆疊得整整齊齊！
# 冷凍庫的收納技巧

### 抽屜型冷凍庫
### 用看得見的方式收納

對於開始展開備餐便當生活的人而言，相信會遇到一個問題，就是該如何將數餐份的容器妥善收納於冷凍庫內。在此建議大家，應該把便當放在抽屜式的冷凍庫內保存。將外型相同的保存容器層層疊放，便容易取出，再於蓋子上註明便當名稱就一目了然，完全不必擔心忘記拿出來吃。也能改用薄型容器裝便當，冷凍後就能立起來收納，相當省空間。大家可以配合冷凍庫的內部空間，在收納方法、容器造型及大小上下點工夫就行了。

約 500kcal ＆營養均衡無可挑剔！

# 一菜到底
# 備餐便當

可以一次吃到米飯或筆管麵的一菜到底備餐便當，
不但料理方式便利，分裝也不麻煩。
加入各式各樣的配料，就是一份滿足感絕佳的備餐便當。

肌肉訓練　宅配給父母　家人便當　減肥

# 雞肉南瓜豆漿燉飯

糙米燉飯好消化，輕鬆就能攝取到營養均衡的飲食。
使用雞肉和豆漿，還能徹底補充蛋白質。

| CHECK |

[ 復熱時間 ]
微波爐600W

**7分**

RECIPE.01

加入大塊配料，吃起來更滿足

# 雞肉南瓜豆漿燉飯

a 南瓜籽
含有豐富的優質脂肪酸等營養素，也可用核桃代替。

## 材料( 4餐份 )

雞腿肉（去皮）…2 片
　（400g）
鹽、胡椒…各少許
南瓜…300g
水…150ml
A 成分無調整的豆漿…
　　600ml
　鹽…1 小匙
　胡椒…少許
糙米飯…600g
南瓜籽 ᵃ…15g

## 作法

1 南瓜切成 1.5cm 的小丁。

2 雞肉切成一口大小，再撒上鹽、胡椒。

3 將 1、2、水倒入鍋中，蓋上鍋蓋後以中火蒸煮 5 分鐘左右。

4 待南瓜煮軟後熄火，加入材料 A 拌勻後放涼。

5 將 4 淋在冷卻的糙米飯上，再撒上南瓜籽即可。

〔 POINT 〕建議使用糙米飯，因為糙米飯不像五穀雜糧飯，不會吸收過多湯汁。加入豆漿前熄火，即可縮短放涼的時間。

┤ TOTAL ├

熱量：534 kcal

蛋白質：31.0 g

脂質：11.7 g

碳水化合物：74.0 g

鹽分：1.8 g

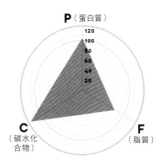

P（蛋白質）
120 100 80 60 40 20

C（碳水化合物）　　　　F（脂質）

# 小扁豆豬肉起司燉飯

燉飯只要將材料切好，煮一煮即可輕鬆完成！
裝入容器時也很簡單，請大家一定要來試做看看這款健康便當。

┆ CHECK ┆
[ 復熱時間 ]
微波爐600W
**7**分

RECIPE.01

最後加進去的茅屋起司也很重要
# 小扁豆豬肉起司燉飯

a 小扁豆
在豆類當中鐵質含量
較多。

b 茅屋起司
脂肪含量較少，風味
清爽。

## 材料（4餐份）

豬腿肉薄切肉片（去除脂
　肪）…250g
鹽、胡椒…各少許
洋蔥…1/2 個
紅蘿蔔…200g
蒜頭…1 瓣
小扁豆 [a]（乾燥）…50g
茅屋起司 [b]…100g
A 水…800ml
　 高湯粉…1 小匙
鹽…1 小匙
胡椒…少許
糙米飯…600g
巴西利（切末）…10g

## 作法

1 洋蔥、紅蘿蔔、蒜頭切粗末。小扁豆洗
　淨後將水分瀝乾。

2 豬肉切成 1cm 寬，撒上少量鹽、胡椒。

3 將 1、2、材料 A 倒入鍋中，蓋上鍋蓋
　後以中火煮滾，接著續煮 10 分鐘左右。

4 以 1 小匙鹽、少許胡椒調味，熄火後放
　涼，再加入茅屋起司拌勻。

5 將 4 淋在冷卻的糙米飯上，再撒上巴
　西利。

┠TOTAL┨

熱量：442 kcal

蛋白質：24.7 g

脂質：6.8 g

碳水化合物：68.9 g

鹽分：2.4 g

P（蛋白質）
120
100
80
60
40
20

C（碳水化合物）

F（脂質）

ONE DISH MEAL PREP.02　　肌力訓練　減肥　運動員

# 新鮮鮪魚筆管麵

市售的鮪魚罐頭，當然比不上新鮮的來得理想。
這款備餐便當脂質含量少，減肥最見效。

| CHECK |
[ 復熱時間 ]
微波爐600W
**6**分**30**秒

RECIPE.01

與辛香蔬菜一起蒸烤而成的鮪魚最好吃

# 新鮮鮪魚筆管麵

a 全麥筆管麵
含有豐富的膳食纖維、鐵質、維生素等營養素。

## 材料（4餐份）

鮪魚（瘦肉／魚肉塊）…
　　400g
鹽…1/2 小匙
洋蔥…1 個
紅蘿蔔…150g
蒜頭…1 瓣
西洋芹…1 根
A 白酒…50ml
　│ 橄欖油…1 小匙
　鹽…1 小匙
　胡椒…少許
　全麥筆管麵ᵃ（乾麵）…
　　320g

## 作法

1 洋蔥切半後切成薄片，紅蘿蔔切成 1/4
　圓，蒜頭切末。西洋芹的莖部斜切成薄
　片，葉子切成絲。

2 鮪魚撒上 1/2 小匙的鹽。

3 除了西洋芹葉子以外的 1 倒入鍋中，再
　放上 2，材料 A 以畫圈方式倒入鍋中，
　蓋上鍋蓋以中火蒸烤 6 分鐘左右。

4 熄火，一面將鮪魚徹底攪碎，同時將所
　有材料混合均勻，再以 1 小匙鹽、少許
　胡椒調味後放涼。

5 筆管麵依照外包裝指示用鹽水煮熟，再
　泡在冷水裡冷卻，並將水分充分瀝乾。

6 將 4 淋在 5 上，再撒上西芹洋的葉子。

┣TOTAL┫

熱量：481 kcal

蛋白質：37.0 g

脂質：4.1 g

碳水化合物：67.5 g

鹽分：2.4 g

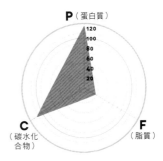

P（蛋白質）
120
100
80
60
40
20

C（碳水化合物）　　　　F（脂質）

ONE DISH MEAL PREP.04

肌力訓練　運動員

# 豆漿蔬菜
# 筆管麵

豆漿加蛋沾裹上鮭魚和黃綠色蔬菜，營養最均衡！這款便當富含抗氧化作用的維生素，吃完能讓精疲力盡的身體恢復元氣。

RECIPE.01

青花菜內含豐富的維生素 C 等營養素
# 鮭魚青花菜豆漿筆管麵

a 全麥筆管麵
可抑制血糖急速上升，還具有耐餓的優點。

## 材料（4餐份）

鮭魚（魚肉片）…2 片
　　（200g）
鹽…1/2 小匙
胡椒…少許
青花菜…150g
紅蘿蔔…150g
杏鮑菇…100g
紅甜椒…1/2 個
水…100ml
A 成分無調整的豆漿…
　　400ml
　蛋…2 個
　鹽…1 小匙
　胡椒…少許
全麥筆管麵 a（乾麵）…
　　320g

## 作法

1 青花菜分成小朵。紅蘿蔔切成 1/4 圓，杏鮑菇切成 1.5cm 厚的半月形，甜椒切成 1.5cm 的小丁。

2 鮭魚切成一口大小，再撒上鹽、胡椒。

3 將 1 倒入鍋中再擺上 2，將水以畫圈方式倒入鍋中，蓋上鍋蓋後以中火蒸煮 6 分鐘左右。

4 熄火，材料 A 混合均勻後加入鍋中，再放涼。

5 筆管麵依照外包裝指示，縮短 2 分鐘左右的時間用鹽水煮過，再泡在冷水裡冷卻，並將水分充分瀝乾。

6 將 4 淋在 5 上。

〔POINT〕筆管麵會吸收豆漿醬汁的水分，因此水煮時間要縮短。煮好後要馬上食用的人，請依照外包裝指示將筆管麵煮熟。

┥ TOTAL ┝

熱量：545 kcal

蛋白質：29.3 g

脂質：14.6 g

碳水化合物：71.0 g

鹽分：2.4 g

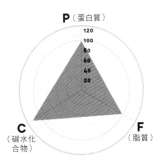

P（蛋白質）
120
100
80
60
40
20

C（碳水化合物）　　　　F（脂質）

# 打拋肉便當

親手做的便當，也能試試泰式料理的打拋肉。
配料的營養成分無可挑剔！異國風味的調味方式引人胃口大開。

┃ CHECK ┃
[ 復熱時間 ]
微波爐600W
**5**分**30**秒

RECIPE.01

沾裹上溫泉蛋後調味恰到好處

# 打拋雞胸肉

**a** 櫻花蝦
內含豐富的鮮味成分甘胺酸。

**b** 乾燥羅勒
羅勒會散發出甜蜜又清爽的香氣。

## 材料（4餐份）

雞胸肉（去皮）…400g

鹽…1/2 小匙

胡椒…少許

洋蔥…1/2 個

蒜頭…1 瓣

生薑…1 小塊

紅甜椒…1 個

青椒…2 個

櫻花蝦 ª（乾燥）…5g

A 乾燥羅勒 ᵇ…1 小匙
　魚露…2 大匙
　蠔油…2 大匙

麻油…1 小匙

五穀雜糧飯…600g

溫泉蛋…4 個

## 作法

1 洋蔥、蒜頭、生薑切末。

2 甜椒、青椒切成 1cm 的小丁。

3 雞肉切成 1cm 小丁，再撒上鹽、胡椒。

4 麻油倒入平底鍋中以中火燒熱，將 **1** 拌炒至爆香，加入 **3**、櫻花蝦繼續拌炒。

5 熄火，加入 **2**、材料 A 混合均勻，再放涼。

6 將 **5** 盛在冷卻的五穀雜糧飯上。享用前一刻再擺上溫泉蛋。

〔POINT〕冷凍的備餐便當內不會放溫泉蛋。用微波爐復熱完成後再擺上溫泉蛋，沾著溫泉蛋慢慢享用。

╢TOTAL╟

熱量：483 kcal

蛋白質：36.7 g

脂質：9.2 g

碳水化合物：59.7 g

鹽分：4.2 g

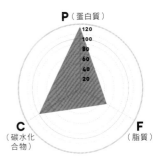

P（蛋白質）
120
100
80
60
40
20

C（碳水化合物）　　　　F（脂質）

# 塔可飯便當

將辛辣的塔可肉醬擺在五穀雜糧飯上，墨西哥風味便當立刻完成！
多放一些酪梨能緩和辣度，呈現出溫潤好滋味。

**| CHECK |**
[ 復熱時間 ]
微波爐600W
**6**分**30**秒

RECIPE.01

用羽衣甘藍取代萵苣，營養更充沛

# 墨西哥塔可飯

## 材料（4餐份）

牛絞肉（瘦肉）…240g

腰豆 a（水煮）…200g

洋蔥…1/2 個

蒜頭…1 瓣

小番茄…150g

羽衣甘藍 b…50g

A 番茄醬…4 大匙
　辣椒粉 c…撒 5 下
　咖哩粉…1/2 小匙
　鹽…2/3 小匙
　胡椒…少許

橄欖油…1 小匙

五穀雜糧飯…600g

酪梨…100g

## 作法

1 洋蔥、蒜頭切末。

2 小番茄切半，羽衣甘藍切成約 1cm 的四方形。

3 橄欖油倒入平底鍋中以中火燒熱，將 1 拌炒至爆香後，依序將絞肉、瀝乾湯汁的腰豆加入鍋中拌炒在一起，再加入材料 A 調味。

4 熄火，加入 2 混合均勻，再放涼。

5 將 4 擺在冷卻的五穀雜糧飯上，並撒上切成 1cm 小丁的酪梨。

〔POINT〕酪梨加熱後會變色，因此在意外觀的人，最好在米飯裝入便當後擺上酪梨。

a 腰豆

這裡的腰字意指肝臟，因豆子的外觀而由此命名。

b 羽衣甘藍

富含維生素C。通常會用來打成青汁。

c 辣椒粉

綜合了辣椒、甜椒、奧勒岡等原料。

## ┤TOTAL├

熱量：525 kcal

蛋白質：22.6 g

脂質：13.9 g

碳水化合物：75.4 g

鹽分：1.6 g

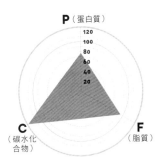

P（蛋白質）

120
100
80
60
40
20

C（碳水化合物）　　　F（脂質）

ONE DISH MEAL PREP.07　　家人便當　　減肥

# 優格咖哩便當

加入優格和秋葵，在整頓腸道環境最見效的便當。
裝入容器時用起司片作間隔，米飯才不會變得黏糊糊的。

RECIPE.01

口感十足的花枝最適合減肥時吃
# 花枝秋葵優格咖哩

a 原味優格
加入咖哩中可呈現出
清爽的風味。

b 孜然籽
香氣就像咖哩一樣,
有助消化的香料。

## 材料(4餐份)

花枝(魷魚之類的海鮮)…
　2片(淨重400g)
小番茄…150g
秋葵…1盒
鴻喜菇…150g
蒜頭…1瓣
生薑…1小塊
原味優格 a…200g
孜然籽 b…1小匙
水…200ml
A 咖哩粉…2大匙
　鹽…1小匙
　胡椒…少許
橄欖油…1小匙
五穀雜糧飯…600g
起司片(切半)…2片的
　分量

## 作法

1 秋葵切去蒂頭,再斜切對半。鴻喜菇撕散。
2 蒜頭、生薑切末。
3 花枝的身體和觸腳分開,並去除軟骨。身體切圈,觸腳去除內臟和吸盤後,分別分成 2 ～ 3 根。
4 橄欖油倒入平底鍋中以中火燒熱,將 2、孜然籽拌炒至爆香後,加入 3 拌炒均勻。
5 將 1、小番茄、優格、水加入鍋中煮 3 分鐘。用材料 A 調味後,熄火放涼。
6 起司靠著冷卻的五穀雜糧飯立起,再將 5 盛入容器中。

〔POINT〕建議使用酸味較少的裏海優格或是希臘優格,相當適合用於料理。

┣━ TOTAL ━┫

熱量:429 kcal

蛋白質:28.0 g

脂質:7.3 g

碳水化合物:62.0 g

鹽分:2.4 g

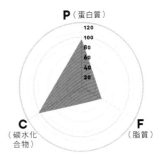

P(蛋白質)
120
100
80
60
40
20

C
(碳水化合物)

F
(脂質)

# 和風咖哩便當

鯖魚罐頭、蘿蔔乾、豆腐的組合搭配，好吃到讓人欲罷不能。
除了蛋白質之外，還能大量補充容易缺乏的鈣質。

[ CHECK ]
[ 復熱時間 ]
微波爐600W
**7分**

RECIPE.01

煮成近似無湯汁的乾咖哩狀態

# 鯖魚蘿蔔乾和風咖哩

## 材料（4餐份）

水煮鯖魚罐頭 ª…2 罐
　（400g）

嫩豆腐…300g

蘿蔔乾 ᵇ…20g

洋蔥…1/2 個

蒜頭…1 瓣

生薑…1 小塊

A 咖哩粉…3 大匙

　番茄醬…3 大匙

　醬油…2 小匙

　鹽…1 小匙

　胡椒…少許

麻油…1 小匙

糙米飯…600g

青蔥（切蔥花）…適量

## 作法

1　豆腐壓著重物靜置 10 分鐘左右，將水分徹底壓乾。

2　蘿蔔乾用水泡發，充分洗淨，大略切碎後將水分擠乾。

3　洋蔥、蒜頭、生薑切末。

4　麻油、3 倒入平底鍋中以中火加熱，待爆香後，將連同湯汁的鯖魚、1、2 加入鍋中攪散，混合均勻。用材料 A 調味後，熄火再放涼。

5　將 4 盛在冷卻的糙米飯上，撒上青蔥。

a　水煮鯖魚罐頭
　湯汁中也含有豐富營養，要一滴不剩全部用光光。

b　蘿蔔乾
　比新鮮蘿蔔更容易攝取到營養。

**⊢ TOTAL ⊢**

熱量：525 kcal

蛋白質：23.8 g

脂質：17.7 g

碳水化合物：66.9 g

鹽分：3.3 g

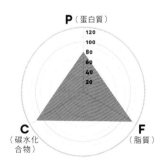

P（蛋白質）

120
100
80
60
40
20

C（碳水化合物）　　　F（脂質）

宅配給父母　　減肥

# 押麥粥便當

用配料和湯汁都口感豐富的粥
便當。溫暖放鬆的滋味，最適
合當作遲來的晚餐。

| CHECK |
[ 復熱時間 ]
微波爐600W
**9**分

RECIPE.01

鱸魚或鯛魚都好，用愛吃的白肉魚來做

# 白肉魚押麥粥

a 押麥

可抑制血糖急速上升，有效消除便祕等症狀。

## 材料（4餐份）

押麥 ª…180g
白肉魚（鱈魚／魚肉片）…
　4 片（400g）
鹽…1/3 小匙
日本大蔥…1 根
紅蘿蔔…50g
小松菜…100g
香菇…100g
蛋…2 個
高湯…1l
A 鹽…1 小匙
　醬油…2 小匙

## 作法

1 洗淨押麥。

2 白肉魚切成一口大小，撒上鹽後靜置 10 分鐘左右，再用廚房紙巾將水分擦乾。

3 日本大蔥切成 1cm 寬的蔥花，紅蘿蔔切成絲，小松菜切成 2cm 寬。香菇切去蒂頭，再切成薄片。

4 將 1、高湯倒入鍋中，蓋上鍋蓋以大火加熱，煮滾後轉小火再煮 8 分鐘左右。

5 加入 2、3 後繼續煮 4 分鐘左右。用材料 A 調味，蛋液以畫圈方式倒入鍋中後熄火。

── TOTAL ──

熱量：297 kcal

蛋白質：26.0 g

脂質：3.5 g

碳水化合物：41.5 g

鹽分：3.0 g

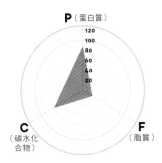

P（蛋白質）
120
100
80
60
40
20

C（碳水化合物）　　　　　　F（脂質）

# 為獨自在家的
# 孩子或爸爸備餐

遇到媽媽要加班或是有飯局的日子，
爸爸和孩子得看家的情形履見不鮮。
這種時候，用微波爐就能復熱的備餐便當正好派上用場。

## 滋味濃郁的西式料理便當
## 帶來滿足與飽足

現在這個社會，「今天換爸爸下廚煮晚餐」的情形早已不足為奇。話雖然這麼說，對於拼命趕完工作提早回家的爸爸而言，準備餐點可能還是算件苦差事，因此有時候難免會用外食、超商便當或熟食來打發⋯⋯。這種日子太常發生的話，媽媽一定會擔心。有小小孩的家庭更是如此，總是會想讓孩子們吃得營養一些。

備餐便當，就是營養均衡的理想飲食。為了留在家裡的爸爸和孩子們，不如一次多做一些冷凍起來備用吧！如果能再挑選一些能讓孩子和爸爸吃得很滿足，大分量又重口味的西式料理，相信他們會更加開心。小小孩要吃的時候，也可以從爸爸的便當分些來吃就可以。

事先將幾種備餐便當冰在冷凍庫裡讓家人挑選，也不失為一種樂趣，微波復熱即可輕鬆享用。比外食或熟食來得經濟實惠，最重要的是，能讓家人們品嘗到剛煮好還熱呼呼的美味餐點。當然除了由媽媽準備之外，也建議爸爸趁休假日幫家人一次備好。

## 孩子和爸爸獨自在家的備餐便當

炙燒雞肉或漢堡排、
一菜到底的燉飯或打拋肉，也能讓人吃得飽足。
比起日式料理，西式菜色更容易在餐桌上贏得眾人歡心。

▶ 重口味又口感十足的西式料理

### 打拋肉便當
（見 **p.82**）

偶爾來點異國料理也不賴！

### 炙燒雞肉便當
（見 **p.22**）

香料香氣洋溢的醬汁最美味

內含大塊配料最讓人滿足

善用增量食材，煮出鬆軟口感

### 豆漿燉飯便當
（見 **p.74**）

### 漢堡排便當
（見 **p.44**）

\ 一定要知道！/

# 何謂 PFC 平衡

**C（碳水化合物）**

1g碳水化合物在體內可轉換成4kcal的熱量。本書將碳水化合物攝取量設定在240kcal，佔所需總熱量的50%。

**P（蛋白質）**

1g蛋白質在體內可轉換成4kcal的熱量。本書將蛋白質攝取量設定在120kcal，佔所需總熱量的25%。

**F（脂質）**

1g脂質在體內可轉換成9kcal的熱量。本書將脂質攝取量設定在135kcal，佔所需總熱量的25%。

## 營養均衡對
## 健康與美容最重要

熱量來自於蛋白質（Protein）、脂質（Fat）、碳水化合物（Carbohydrate）這三種營養素，而PFC平衡，指的就是三大營養素的熱量比率。當PFC達到平衡，就能防止脂質或碳水化合物過度攝取這類營養失衡的問題，也能維持身體健康、常保肌膚美麗。本書會在所有的便當食譜，標示出PFC平衡的圖表。擔心營養素不足的人，請添加能補充所需營養素的食材，維持PFC平衡。

想要確實瘦下來！

# 低醣備餐
# 便當

只要節制醣類的攝取，相對熱量就會減少，
因此需用脂質較多的食材填補。
大家不妨參考經過深思熟慮的配菜組合，健康地瘦下來吧！

# 泰式烤雞腿便當

屬於泰國獨特的烤雞料理。
就算是重口味料理，烹調成低醣便當就沒問題！
但副菜就得調味得清淡一些。

| CHECK |
[ 復熱時間 ]
微波爐600W
**6分**

**RECIPE.01**

使用帶皮雞肉，脂質多一些

# 泰式烤雞腿肉

熱量：**365**kcal 蛋白質：**26.6g** 脂質：**21.5g** 碳水化合物：**12.3g** 鹽分：**2.3g**（1餐份）

a 櫻花蝦
鈣質內含量數一數二
的食材。

## 材料（4餐份）

雞腿肉…2 片（600g）

鹽、胡椒…各少許

A 韓式辣醬…1 大匙
　魚露…1 大匙
　蠔油…1 大匙
　味醂…1 大匙

洋蔥…1 個

紅蘿蔔…150g

## 作法

1 雞肉切成一口大小，撒上鹽、胡椒後用
材料 A 搓揉入味，再靜置 10 分鐘。

2 洋蔥切成 1cm 厚的圓片狀，紅蘿蔔斜切
成 5mm 厚。

3 將 1、2 排放在鋪有烘焙紙的烤盤上，
以預熱至 230℃的烤箱烤 10 分鐘左右。

---

**RECIPE.02**

具爽脆口感又充滿香菜風味

# 青花菜鮪魚沙拉

熱量：**70**kcal 蛋白質：**5.5g** 脂質：**3.9g** 碳水化合物：**4.5g** 鹽分：**1.2g**（1餐份）

## 材料（4餐份）

青花菜…300g

油漬鮪魚罐頭…1罐（70g）

香菜…30g

A 醋…2 小匙
　鹽…2/3 小匙
　胡椒…少許

## 作法

1 青花菜分成小朵再切成 1cm 厚，香菜切
成 2cm 寬。

2 將 1、連同湯汁的鮪魚倒在一起，再以
材料 A 拌勻。

〔POINT〕享用時藉由復熱步驟，即可變成溫沙
拉。若不經冷凍也可直接生食品嘗。

---

**┨ TOTAL ┠**

熱量：464 kcal

蛋白質：34.7 g

脂質：26.8 g

碳水化合物：19.3 g

鹽分：3.8 g

---

**RECIPE.03**

加入櫻花蝦提升鮮味及口感

# 菠菜櫻花蝦拌菜

熱量：**29**kcal 蛋白質：**2.6g** 脂質：**1.4g** 碳水化合物：**2.5g** 鹽分：**0.3g**（1餐份）

## 材料（4餐份）

菠菜…300g

蝦花蝦[a]（乾燥）…5g

A 醬油…1 小匙
　麻油…1 小匙

## 作法

1 菠菜用鹽水（1 公升熱水加入 1 大
匙鹽）汆燙 1 分鐘後泡在冷水裡冷
卻，擠乾水分後切成 3cm 寬。

2 將 1、櫻花蝦倒在一起，以材料 A
拌勻。

C
（碳水化合物）
17%

P
（蛋白質）
30%

F
（脂質）
52%

※PFC 熱量比率例合計後有時並不會達到 100。

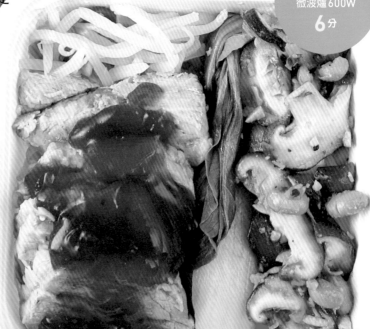

減肥

# 白切肉便當

白切肉精心烹調後，
鮮味完全滲入取代米飯的豆芽菜
以及用來間隔的青江菜，
吃完這款便當讓人好飽足。

┤CHECK ├

[ 復熱時間 ]
微波爐600W
**6**分

### RECIPE.01

寒天粉勾芡，讓美味緊緊攀附在食材上

# 白切肉佐鹽味燙青江菜

熱量：**343**kcal　蛋白質：**222g**　脂質：**24.1g**　碳水化合物：**5.1g**　鹽分：**1.2g**（1餐份）

**材料**（4餐份）

豬肩里肌肉塊（用料理綿
　繩綁好）…500g

日本大蔥（蔥綠部分）…
　1根的分量

生薑（切片）…2小塊的
　分量

A 醬油…1又 1/2 大匙
　味醂…1又 1/2 大匙
　肉桂粉 ª…撒 5 下

寒天粉 ᵇ…2/3 小匙

青江菜…2 株

**作法**

1 豬肉、日本大蔥、生薑倒入鍋中，加入
可淹過食材的水後開大火，煮滾後轉中
火煮 1 小時左右。豬肉切成適口大小，
湯汁取 150ml 備用。

2 材料 **A**、**1** 的湯汁、寒天粉倒入鍋中，
一邊攪拌一邊以中火加熱 2 分鐘左右。

3 將 **2** 放涼凝固，分成 4 等分，淋在 **1** 的
豬肉上。

4 青江菜縱切成 4 等分，用鹽水（1 公升
熱水加入 1 大匙鹽）氽燙 1 分鐘左右，
再將水分擠乾。

**a** 肉桂粉
香料的香氣會讓人吃
起來更有滿足感。

### RECIPE.02

含豐富維生素D的薑菇有助於強健骨骼

# 蕈菇青蔥炒大豆

熱量：**75**kcal　蛋白質：**5.5g**　脂質：**4.0g**　碳水化合物：**7.5g**　鹽分：**0.9g**（1餐份）

**材料**（4餐份）

大豆 ᶜ（水煮）…100g

鴻喜菇…150g

香菇…100g

日本大蔥（蔥白部分）…
　1根的分量

A 鹽…1/3 小匙
　胡椒…少許
　醬油…1 小匙

麻油…2 小匙

**作法**

1 將鴻喜菇撕散，香菇切去蒂頭後切片。
日本大蔥切成 1cm 寬。大豆瀝乾湯汁後
倒入塑膠袋中，以磨缽木杵大略壓碎。

2 麻油倒入平底鍋中以大火燒熱，將 **1** 拌
炒均勻，再用材料 **A** 調味。

**b** 寒天粉
富含膳食纖維，容易
獲得飽足感。

**c** 大豆
不需再煮過的罐頭使
用上更便利。

**⊢TOTAL⊢**

熱量：*436* kcal

蛋白質：*29.7* g

脂質：*28.2* g

碳水化合物：*15.8* g

鹽分：*3.8* g

### RECIPE.03

幾乎零醣且富含維生素C的豆芽菜

# 榨菜炒豆芽

熱量：**18**kcal　蛋白質：**2.0g**　脂質：**0.1g**　碳水化合物：**3.2g**　鹽分：**1.7g**（1餐份）

**材料**（4餐份）

豆芽菜…400g

鹹榨菜…50g

醋…2 小匙

**作法**

1 豆芽菜去頭尾，用熱水氽燙 1 分鐘，
放在濾網上放涼，將水分擠乾。

2 榨菜大略切碎。

3 將 **1**、**2** 倒在一起，再用醋拌一拌。

C（碳水化合物）15%
P（蛋白質）27%
F（脂質）58%

# 奶油起司肉丸便當

低醣肉丸用豆渣增加黏性，最後再加上奶油起司，
調味濃厚一些也無妨！便當內再裝入滿滿蔬菜取代米飯。

CHECK
[ 復熱時間 ]
微波爐600W
6分30秒

## RECIPE.01

**擦去多餘肉汁，減少湯湯水水為一大重點**

# 奶油起司肉丸

熱量：**328**kcal　蛋白質：**27.7**g　脂質：**19.7**g　碳水化合物：**8.3**g　鹽分：**1.8**g（1餐份）

### 材料（4餐份）

A 綜合絞肉…400g
　洋蔥…1/2 個
　豆渣粉 ª…2 大匙
　鹽…1/2 小匙
　胡椒…少許
青花菜…200g
洋菇…100g
B 白酒…2 大匙
　奶油起司 ᵇ…100g
　鹽…1/2 小匙
　胡椒…少許
橄欖油…1 大匙

### 作法

1 洋蔥切末。青花菜分成小朵。洋菇切去蒂頭。

2 材料 A 揉和均勻，搓圓成一口大小。

3 橄欖油倒入平底鍋中以中火燒熱，將 2 煎一煎。慢慢翻動使所有肉丸煎熟後，用廚房紙巾將多餘油脂擦除。

4 青花菜、洋菇倒入鍋中迅速拌炒一下，加入材料 B 後蓋上鍋蓋，蒸烤 3 分鐘。

a 豆渣粉
和大豆一樣，含有豐富的蛋白質。

b 奶油起司
綿密香醇，可提升滿足感。

## RECIPE.02

**發揮檸檬特色讓風味更清爽**

# 油漬沙丁魚高麗菜

熱量：**119**kcal　蛋白質：**6.5**g　脂質：**8.3**g　碳水化合物：**5.6**g　鹽分：**0.8**g（1餐份）

### 材料（4餐份）

高麗菜…300g
油漬沙丁魚…1 罐（105g）
檸檬…1/2 個
A 鹽…1/4 小匙
　胡椒…少許
　醬油…1 小匙

### 作法

1 高麗菜切成 3cm 的四方形，用鹽水（1公升熱水加入 1 大匙鹽）汆燙 1 分 30 秒，再放在濾網上放涼，將水分擠乾。

2 檸檬去皮後切成 1/4 圓。

3 將瀝乾湯汁的沙丁魚、1、2 倒在一起，一邊將沙丁魚攪散，以材料 A 拌勻。

---| TOTAL |---

熱量：**501** kcal

蛋白質：**35.4** g

脂質：**31.1** g

碳水化合物：**20.1** g

鹽分：**3.6** g

## RECIPE.03

**品嘗前復熱，馬上變身番茄燉菜**

# 茄子炒番茄

熱量：**54**kcal　蛋白質：**1.2**g　脂質：**3.1**g　碳水化合物：**6.2**g　鹽分：**1.0**g（1餐份）

### 材料（4餐份）

茄子…4 根
番茄（大）…1 個
蒜頭…1 瓣
鹽…2/3 小匙
胡椒…少許
橄欖油…1 大匙

### 作法

1 茄子切成 1cm 厚的圓片狀。番茄切成 1cm 的小丁。蒜頭切末。

2 橄欖油倒入平底鍋中以中火燒熱，將蒜頭拌炒至爆香後，倒入茄子煎成金黃色澤。加入番茄拌炒均勻，再以鹽、胡椒調味。

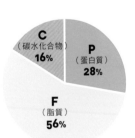

C（碳水化合物）16%
P（蛋白質）28%
F（脂質）56%

肌力訓練　減肥

# 鮭魚豆腐焗烤便當

用豆腐加豆渣粉製成的
低醣低脂白醬沾裹在配料上。
放上起司後
直接保存為一大關鍵。

| CHECK |

[ 復熱時間 ]
微波爐600W
**6**分**30**秒

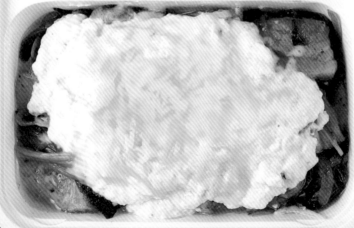

RECIPE.01

配料拌炒均勻再淋上豆腐奶油醬

# 焗烤鮭魚豆腐

熱量：**412**kcal 蛋白質：**30.4**g 脂質：**27.6**g 碳水化合物：**8.0**g 鹽分：**2.4**g（1餐份）

a 豆渣粉
加入豆腐奶油醬中，使口感更濃醇。

## 材料（4餐份）

鮭魚（魚肉片）…4 片
　（400g）
鹽…1/3 小匙
胡椒…少許
菠菜…200g
洋蔥…1/2 個
A 嫩豆腐…300g
　豆渣粉 a …2 大匙
　高湯粉…1 小匙
　鹽…2/3 小匙
　胡椒…少許
奶油…20g
比薩用起司…60g

## 作法

1 菠菜用鹽水（1 公升熱水加入 1 大匙鹽）汆燙 1 分鐘左右，再泡在冷水裡冷卻，擠乾水分後切成 2cm 寬。

2 洋蔥橫切對半，再切成薄片。

3 鮭魚切成一口大小，再撒上鹽、胡椒。

4 奶油倒入平底鍋中以中火燒熱，將 2 炒一炒，待炒軟後加入 3 再將表面煎熟。加入材料 1 後拌炒均勻，熄火後冷卻。

5 豆腐壓著重物靜置 10 分鐘左右，將水分徹底壓乾，然後加入剩餘的材料 A 混合均勻，淋在 4 上再擺上起司。

〔POINT〕裝入容器前，先在底部分別撒上 2 小匙豆渣粉。從冷凍復熱時可吸收釋出的水分，形成更加滑順的醬汁。

---

RECIPE.02

搭配魩仔魚與青蔥作點綴，配色更好看

# 紅蘿蔔蔬菜麵

熱量：**51**kcal 蛋白質：**3.1**g 脂質：**0.4**g 碳水化合物：**9.5**g 鹽分：**1.2**g（1餐份）

## 材料（4餐份）

紅蘿蔔…400g
鹽…1/2 小匙
魩仔魚…40g
青蔥（切蔥花）…10g

## 作法

1 紅蘿蔔用削皮器削成薄片，撒上鹽後輕輕搓揉，再將水分擠乾。

2 魩仔魚、青蔥撒在 1 上。

＋豆渣粉 **2** 小匙（**1**餐份）

熱量：**25**kcal 蛋白質：**1.4**g 脂質：**0.8**g 碳水化合物：**3.1**g 鹽分：**0.0**g

|  TOTAL  |
| --- |
| 熱量：488 kcal |
| 蛋白質：34.9 g |
| 脂質：28.8 g |
| 碳水化合物：20.6 g |
| 鹽分：3.6 g |

C（碳水化合物）17%
P（蛋白質）29%
F（脂質）53%

※PFC 熱量比率例合計後有時並不會達到 100。

# 鯖魚柚子醋炒蔬菜便當

熱炒蔬菜的體積比生菜來得少，不但方便入口，也容易吃得飽足！
簡單以柚子醋調味即可。水煮白蘿蔔淋上味噌醬汁後直接冷凍保存。

\ CHECK /
[ 復熱時間 ]
微波爐600W
**7**分

**RECIPE.01**

攝取必需氨基酸，務必以鯖魚入菜

# 鯖魚柚子醋炒蔬菜

熱量:**428**kcal 蛋白質:**36.9g** 脂質:**25.7g** 碳水化合物:**10.5g** 鹽分:**3.7g**（1餐份）

**材料**（4餐份）

醃鯖魚（魚肉片）…4 片
（520g）
高麗菜…500g
洋蔥…1/2 個
香菇…6～8 朵（100g）
鹽…1/2 小匙
胡椒…少許
柚子醋醬油…2 大匙
麻油…1/2 小匙

**作法**

1 高麗菜切成 3cm 的四方形，洋蔥切成
  5mm 厚，香菇切除蒂頭後切半。
2 鯖魚片成 2cm 厚。
3 麻油倒入平底鍋中以中火燒熱，將 **2** 全
  部煎至金黃色澤後暫時取出。
4 用同一把平底鍋拌炒洋蔥，待炒軟後依
  序加入香菇、高麗菜迅速拌炒，再撒上
  鹽、胡椒。
5 將 **3** 倒回鍋中，淋上柚子醋。

**RECIPE.02**

火腿有鹹度，免加調味料依舊美味

# 蘆筍火腿捲

熱量:**48**kcal 蛋白質:**4.3g** 脂質:**2.9g** 碳水化合物:**1.7g** 鹽分:**0.5g**（1餐份）

**材料**（4餐份）

綠蘆筍…6 根
里肌火腿…4 片

**作法**

1 蘆筍去粗絲後切成 4 等分。用鹽水（1
  公升熱水加入 1 大匙鹽）汆燙 1 分鐘，
  再泡在冷水裡冷卻，並將水分瀝乾。
2 火腿切半。
3 用 **2** 將 **1** 捲起來，然後穿插剩餘的 **1** 用
  牙籤串起來。

| TOTAL |
|---|
| 熱量:**527** kcal |
| 蛋白質:**43.2** g |
| 脂質:**29.9** g |
| 碳水化合物:**20.0** g |
| 鹽分:**5.4** g |

**RECIPE.03**

解凍時會出水，裝便當時須間隔開來

# 水煮白蘿蔔

熱量:**51**kcal 蛋白質:**2.0g** 脂質:**1.3g** 碳水化合物:**7.8g** 鹽分:**1.2g**（1餐份）

**材料**（4餐份）

白蘿蔔…400g
高湯…200ml
A 味噌…2 大匙
  味醂…2 小匙
  醋…1/2 小匙
  白芝麻粉…1/2 大匙

**作法**

1 白蘿蔔切 1.5cm 厚，再切成扇形。
2 將 **1**、高湯倒入鍋中再蓋上蓋子，
  以中火煮 10 分鐘左右。
3 熄火後稍微放涼，並將水分瀝乾。
4 材料 **A** 混合均勻，再淋在 **3** 上。

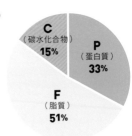

C
（碳水化合物）
**15%**

P
（蛋白質）
**33%**

F
（脂質）
**51%**

※PFC 熱量比率例合計後有時並不會達到 100。

# 嫩煎沙丁魚羅勒便當

絕佳組合的沙丁魚與羅勒，用烤箱烤一下即成西式配菜。
副菜同樣簡簡單單卻好滿足。醋拌蔬菜復熱後釋出的湯汁也好好吃。

/ CHECK /
[ 復熱時間 ]
微波爐600W
**6分**

**RECIPE.01**

塗上濃醇羅勒醬再烤至金黃色澤

# 嫩煎沙丁魚羅勒

熱量：**317**kcal　蛋白質：**27.7g**　脂質：**19.9g**　碳水化合物：**4.6g**　鹽分：**0.8g**（1餐份）

**材料**（4餐份）

沙丁魚（片開）…8尾
鹽…少許
羅勒醬 a…1大匙
培根…4片
蕪菁…4個

**作法**

1　沙丁魚撒上鹽後靜置10分鐘，再用廚房紙巾將水分擦乾。

2　蕪菁留下2cm莖部其餘切除，再切成一半。培根切成一半長度。

3　將1的內側塗上羅勒醬後對半折起，用培根捲起來再串在牙籤上。

4　將3、蕪菁排放在鋪有烘焙紙的烤盤上，以預熱至230℃的烤箱烤10分鐘。

**a** 羅勒醬
綜合羅勒、辛香料及調味料製成的醬汁。

**b** 莫札瑞拉起司
可品嘗到獨特口感，屬於不具特殊氣味的起司。

---

**RECIPE.02**

三兩下就完成的清爽沙拉

# 西洋芹起司沙拉

熱量：**77**kcal　蛋白質：**4.8g**　脂質：**5.0g**　碳水化合物：**2.9g**　鹽分：**0.8g**（1餐份）

**材料**（4餐份）

西洋芹…2根
鹽…1/2小匙
莫札瑞拉起司 b…100g
粗粒黑胡椒…少許

**作法**

1　西洋芹的莖部切成滾刀塊，葉子大略切碎，散上鹽後輕輕搓揉，將水分擠乾。

2　莫札瑞拉起司撕成一口大小。

3　將1、2倒在一起，再撒上粗粒黑胡椒。

**┣ TOTAL ┫**

熱量：473 kcal

蛋白質：36.3 g

脂質：29.9 g

碳水化合物：17.9 g

鹽分：2.4 g

---

**RECIPE.03**

炒至金黃色澤再拌一拌，口感十足

# 醋拌蕈菇

熱量：**79**kcal　蛋白質：**3.8g**　脂質：**5.0g**　碳水化合物：**10.4g**　鹽分：**0.8g**（1餐份）

**材料**（4餐份）

鴻喜菇…150g
香菇…150g
金針菇…150g
小番茄…180g
巴西利…10g
A　鹽…1/2小匙
　│胡椒…少許
　│白酒醋…1大匙
橄欖油…1/2大匙

**作法**

1　鴻喜菇撕散。香菇切去蒂頭，切成薄片。金針菇切成3cm寬後撕散。

2　巴西利切末。

3　橄欖油倒入平底鍋中以大火燒熱，將1炒軟後，加入小番茄、2、材料A後拌炒在一起。

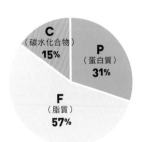

C（碳水化合物）15%
P（蛋白質）31%
F（脂質）57%

※PFC熱量比率例合計後有時並不會達到100。

# 油豆腐餃子便當

使用油豆腐取代餃子皮,既減醣又增量!
豆苗鋪在油豆腐餃子底下吸收油分,只淋過熱水一樣美味無法擋。

∖ CHECK ∕
[ 復熱時間 ]
微波爐600W
**6**分**30**秒

**RECIPE.01**

可以淋上少許醬油品嘗

# 油豆腐餃子佐豆苗

熱量：**383**kcal　蛋白質：**27.0**g　脂質：**28.3**g　碳水化合物：**3.6**g　鹽分：**0.2**g（1餐份）

**a** 油豆腐
不想攝取太多熱量的人，可以過水去油。

## 材料（4餐份）

油豆腐 ᵃ…4 片
A 豬絞肉…400g
　韭菜…50g
　日本大蔥…1/2 根
　生薑…1 小塊
　鹽…1/2 小匙
　胡椒…少許
麻油…1/2 小匙
豆苗…2 包

## 作法

1　韭菜切碎。日本大蔥、生薑切末。

2　材料 A 充分揉和均勻，分成 16 等分。

3　油豆腐 1 片切成十字再分成 4 等分，將內側打開後塞入 2。

4　麻油倒入平底鍋中以中火燒熱，3 有肉的那一面朝下擺好。待煎至上色後，稍微翻動一下使整個餃子煎至金黃色澤。

5　豆苗切成 3cm 寬後放在濾網上，用多一點的熱水以畫圈方式淋上去，稍微放涼後將水分擠乾。

**RECIPE.02**

黃豆芽能保養美肌並具減肥效果

# 黃豆芽炒竹輪

熱量：**52**kcal　蛋白質：**4.8**g　脂質：**1.3**g　碳水化合物：**5.6**g　鹽分：**1.2**g（1餐份）

## 材料（4餐份）

黃豆芽…200g
竹輪…90g
青椒…100g
A 醋…1 大匙
　鹽…1/2 小匙
　胡椒…少許

## 作法

1　黃豆芽盡量去尾。青椒切成絲。

2　將 1 用鹽水（1 公升熱水加入 1 大匙鹽）汆燙 1 分鐘左右，再放在濾網上稍微放涼，並將水分擠乾。

3　竹輪切成 5mm 寬的圓片狀後與 2 倒在一起，以材料 A 拌勻。

**TOTAL**

熱量：435 kcal

蛋白質：31.8 g

脂質：29.6 g

碳水化合物：9.2 g

鹽分：1.4 g

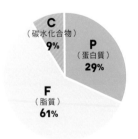

**C**（碳水化合物）9%
**P**（蛋白質）29%
**F**（脂質）61%

※PFC 熱量比率例合計後有時並不會達到 100。

# 高野豆腐豬肉捲便當

高野豆腐用高湯蛋液浸泡吸足水分，再用豬肉捲起來，
煎成甜甜辣辣的口感好豐富！沙拉還能補充滿滿膳食纖維。

╲ CHECK ╱
[ 復熱時間 ]
微波爐600W
**7**分

## RECIPE.01

**肉捲下鋪滿高麗菜，吸飽肉汁省去調味**

# 豆腐豬肉捲佐高麗菜

熱量：**356kcal**　蛋白質：**29.9g**　脂質：**18.6g**　碳水化合物：**13.8g**　鹽分：**3.2g**（1餐份）

### 材料（4餐份）

高野豆腐 a…6 個
蛋…1 個
高湯…100ml
豬里肌薄切肉片（去除脂肪）…12 片（240g）
鹽…1/2 小匙
胡椒…少許
A 醬油…3 大匙
　 味醂…3 大匙
麻油…1 小匙
高麗菜…400g

### 作法

1 高野豆腐用水泡發，徹底搓洗後將水分擠乾，再縱切對半。

2 蛋打散，加入高湯後混合均勻，用來浸泡 1。

3 豬肉撒上鹽、胡椒，將 2 一圈圈捲起來。

4 麻油倒入平底鍋中以中火燒熱，3 的末端朝下擺好。待煎至上色後，稍微翻動將整個肉捲煎熟，材料 A 混合均勻後加入鍋中沾裹上肉捲。

5 高麗菜切成絲。

a 高野豆腐
吃起來口感十足，推薦用於肉類料理中為食材增量。

b 羊棲菜芽
含有豐富的鈣質及膳食纖維。

c 什錦豆
可一次攝取到多種豆類的營養。

## RECIPE.02

**風味濃醇又能品嘗到檸檬的清爽**

# 蓮藕羊棲菜什錦豆沙拉

熱量：**94kcal**　蛋白質：**3.5g**　脂質：**4.0g**　碳水化合物：**12.6g**　鹽分：**0.9g**（1餐份）

### 材料（4餐份）

蓮藕…100g
羊棲菜芽 b（乾燥）…10g
什錦豆 c（水煮）…100g
A 白芝麻粉…1 大匙
　 美乃滋…1 大匙
　 鹽…1/2 小匙
　 胡椒…少許
　 檸檬汁…2 小匙

### 作法

1 羊棲菜芽用水泡發，充分洗淨後將水分擠乾。

2 蓮藕切成扇形。

3 將 1、2 用加入醋的熱水（1 公升熱水加入 1 大匙醋）氽燙 1 分鐘左右，再將水分瀝乾後放涼。

4 材料 A 混合均勻後，將 3、什錦豆拌一拌。

**TOTAL**

熱量：450 kcal

蛋白質：33.4 g

脂質：22.6 g

碳水化合物：26.4 g

鹽分：4.1 g

C（碳水化合物）24%
P（蛋白質）30%
F（脂質）45%

※PFC 熱量比率例合計後有時並不會達到 100。

LOW-CARBS MEAL PREP.09 減肥

# 法式烤鹹派

加入煙燻鮭魚、莫札瑞拉起司、
櫛瓜的法式鹹派，風味醇厚卻低醣！
以蔬菜為食材的副菜，不妨在味道上來點變化。

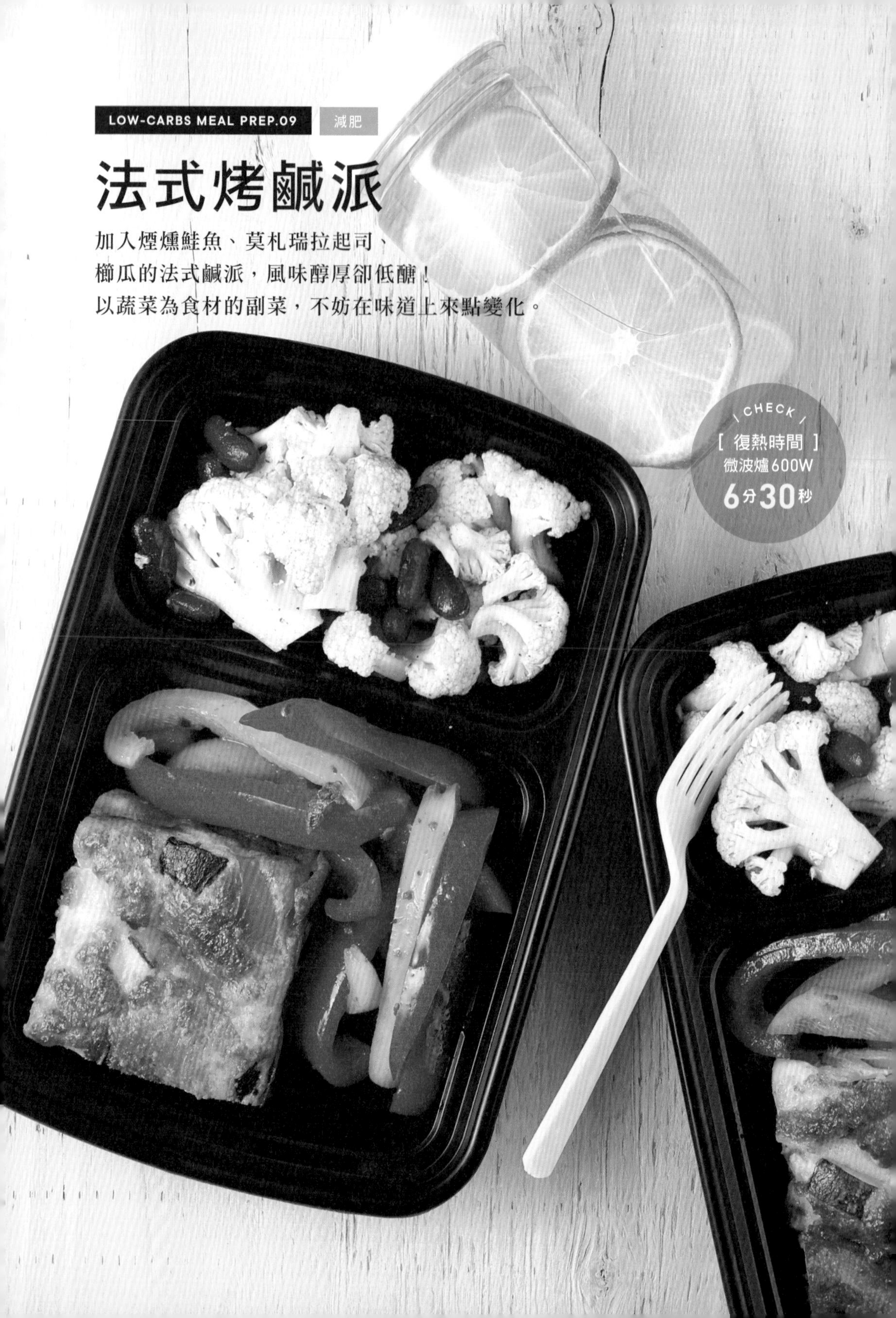

CHECK
[ 復熱時間 ]
微波爐600W
6分30秒

**RECIPE.01**

用烤箱將蛋和煙燻鮭魚烤至金黃色澤

# 法式烤鹹派

熱量：**254**kcal 蛋白質：**13.9**g 脂質：**19.4**g 碳水化合物：**4.5**g 鹽分：**1.9**g（1餐份）

### 材料（4餐份）

煙燻鮭魚…80g
莫札瑞拉起司 a…50g
櫛瓜…100g
鹽…1/4 小匙
A 蛋…3 個
　鮮奶油…100ml
　豆渣粉 b…2 大匙
　起司粉…2 大匙
　鹽…1/2 小匙
　胡椒…少許

### 作法

1 櫛瓜切成 1cm 的小丁，撒上鹽後輕輕搓揉，再將水分擠乾。

2 鮭魚、莫札瑞拉起司撕成一口大小。

3 材料 A 充分混合均勻，加入 1、2 後拌勻。

4 將 3 倒入鋪有烘焙紙的耐熱盤中，以預熱至 230℃的烤箱烤 20 分鐘左右。

5 待稍微放涼後切成 4 等分。

〔POINT〕耐熱盤使用了約20×15×5cm的尺寸。也可以使用鐵盤或烤盤。

a 莫札瑞拉起司
彈性十足口感佳，風味清爽。

b 豆渣粉
富含維生素B群、鈣質等營養素。

c 腰豆
具有好看的深紅色澤，時常用來為料理增添色彩。

**RECIPE.02**

可攝取到大量維生素C

# 青花菜咖哩沙拉

熱量：**76**kcal 蛋白質：**4.4**g 脂質：**2.4**g 碳水化合物：**10.3**g 鹽分：**0.8**g（1餐份）

### 材料（4餐份）

青花菜…300g
腰豆 c（水煮）…100g
A 咖哩粉…1/2 小匙
　橄欖油…2 小匙
　白酒醋…2 小匙
　鹽…1/2 小匙
　胡椒…少許

### 作法

1 青花菜分成小朵再切成 1cm 厚。

2 材料 A 混合均勻，將 1、瀝乾水分的腰豆拌一拌。

├ TOTAL ┤

熱量：387 kcal

蛋白質：20.6 g

脂質：23.4 g

碳水化合物：24.8 g

鹽分：3.2 g

**RECIPE.03**

鰻魚的醇厚風味讓人一吃上癮

# 鰻魚炒甜椒

熱量：**57**kcal 蛋白質：**2.3**g 脂質：**1.6**g 碳水化合物：**10.0**g 鹽分：**0.5**g（1餐份）

### 材料（4餐份）

紅甜椒…2 個
黃甜椒…1 個
鰻魚…5 片（15g）
醬油…少許
橄欖油…1 小匙

### 作法

1 甜椒切成 1cm 寬，鰻魚切末。

2 橄欖油倒入平底鍋中以中火燒熱，迅速將 1 拌炒一下，再倒入醬油。

C（碳水化合物）25%　P（蛋白質）21%　F（脂質）54%

# 減肥時期的
# 理想餐點

除了正在進行肌力訓練的人之外，減肥中的人也一樣，
三餐改吃備餐便當，能助你打造出理想身材。
採用限醣飲食、運動＋控制飲食時，注意事項因人而異！

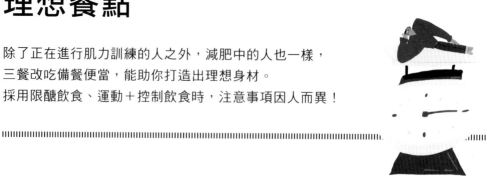

## 限醣飲食應充分攝取脂質，
## 運動＋控制飲食，改吃高蛋白低脂低熱量

努力減肥的人，尤其推薦吃備餐便當。近來減肥以「限醣飲食法」與「運動＋控制飲食法」為主流，這二種減肥法都很重視飲食的控管。有些人以為，限醣飲食只要不吃主餐，其他吃什麼都行，還有人認為，不吃碳水化合物及脂質最好，其實這些觀念大錯特錯。就算不吃碳水化合物，但是三餐照吃高熱量、高脂食物，或是飲食全部都是超低熱量的話，除了無法如願瘦下來之外，甚至有可能危害身體健康。

限醣飲食減肥法的飲食，熱量通常會減少，因此切記一定要充分攝取脂質，並且要吃大量蔬菜取代主食。菜單的部分，大家不妨從 Part5 的低醣備餐便當中作選擇。

採用運動＋控制飲食法來減肥的人，因為有運動的關係，更需要攝取營養夠均衡的飲食，盡量準備高蛋白、低脂、低熱量的餐點為宜。推薦大家參考 Part2 使用雞里肌肉，以及 Part3 使用白肉魚的備餐便當。

## 限醣飲食的備餐便當

限醣時最好充分攝取脂質，才能耐餓。
想吃米飯時，就改吃葉菜類蔬菜！

▶ 充分攝取脂質才耐餓

高野豆腐
豬肉捲便當
（見**p.110**）

鮭魚豆腐
焗烤便當
（見**p.102**）

奶油起司
肉丸便當
（見**p.100**）

密
的
醇
厚
度

充
滿
奶
香
綿

細
細
品
味
豬
肉
的
鮮
甜
美
味
！

融化的起司
讓人好滿足

## 適合運動＋控制飲食的備餐便當

注意事項和做肌力訓練減脂時一樣，
控制熱量攝取外，也要悉心維持營養均衡。

▶ 高蛋白低脂低熱量

照燒劍旗
魚便當
（見**p.56**）

靠醬汁提升口感

簡
單
料
理

善
用
雞
里
肌

芡
汁
將
魚
肉
完
全
包
覆
！

雞里肌捲蔬菜便當
（見**p.28**）

炙燒白肉魚便當
（見**p.68**）

# 請為我解答！
# 備餐便當 Q & A

### Ⓠ 冷凍時如果結霜，味道會變差嗎？

### Ⓐ 必須小心不能結霜

便當會結霜，通常是因為配菜還沒放涼就蓋上蓋子放冷凍，或是冷凍庫頻繁開關接觸到外頭熱氣的關係。溫度急速變化導致結霜，會讓便當變得水水的，味道也會變差，所以要特別留意。

### Ⓠ 自然解凍會好吃嗎？

### Ⓐ 務必以微波爐復熱

可能有些人會認為，將冷凍的備餐便當直接帶出門，等到要吃的時候已經解凍，這樣吃起來最方便，但是自然解凍其實會變得不好吃。而且自然解凍時會大量出水，恐怕導致細菌繁殖的風險。

### Ⓠ 備餐便當建議搭配哪些飲品呢？

### Ⓐ 基本上只能喝水或茶

減肥或肌力訓練中的人，尤其應留意飲品攝取。請喝水或茶，若要喝咖啡或紅茶，必須喝無糖的。清涼飲品或加入大量糖和奶精的咖啡及紅茶，容易導致熱量、碳水化合物、脂質攝取超標過量。

### Ⓠ 備餐便當能持之以恆的祕訣為何？

### Ⓐ 不費工夫準備種類豐富的備餐便當

避免同一種口味讓人吃膩，或是準備時很麻煩的料理。請大家趁著週末，一口氣將4餐份2～3種的備餐便當煮好。一次完成肉類＋魚類＋一菜到底的備餐便當就能節省時間，也能讓菜色多樣變化吃不膩。

最適合肌力訓練以及當作點心

# 迷你
# 備餐輕食

湯品或沙拉等輕食也能事先煮好以備不時之需，
不但能幫便當加菜，也能當作點心，方便自由運用。
建議熱量控制在 **200kcal** 以內，蛋白質在 **10g** 左右。

**MINI MEAL PREP.01**　減肥

限醣中不用冬粉，改用蒟蒻絲
# 泰式蒟蒻沙拉

冷凍
NG

**a** 蒟蒻絲
口感十足容易飽足，
且富含膳食纖維。

## 材料（4餐份）

蒟蒻絲 ᵃ⋯200g
紫洋蔥⋯1/2 個
香菜⋯30g
水煮蝦⋯200g
鹽昆布⋯10g
A 紅辣椒（切圈）⋯1 小撮
　檸檬汁⋯1 大匙
　魚露⋯1 又 1/2 大匙
　麻油⋯1 小匙

## 作法

1 蒟蒻絲大略切碎，用熱水汆燙 2 分鐘左
　右，再放在濾網上放涼。

2 紫洋蔥橫切對半，再切成薄片。香菜切
　成 2cm 寬。

3 材料 A 混合均勻，將 1、2、蝦子、鹽
　昆布拌一拌。

**MEMO** ::::::::::::::::::::::::::::::::::::::::::::::::::::::::::::::::

### 晚歸時最適合當作下酒佳肴

用蒟蒻絲做成的泰式沙拉熱量不高，太晚回家當作宵夜
也不用擔心發胖！而且最適合當作威士忌調酒的下酒
菜。加入了大量鮮蝦，所以蛋白質含量豐富，也很適合
訓練結束後當作填肚子的點心。

::::::::::::::::::::::::::::::::::::::::::::::::::::::::::::::::::::::::::

**TOTAL**
（1餐份）

熱量：71 kcal

蛋白質：10.8 g

脂質：1.3 g

碳水化合物：5.3 g

鹽分：2.3 g

| CHECK |
[ 復熱時間 ]
微波爐600W
3分

a 押麥
將大麥加熱、壓扁、乾燥而成。

宅配給父母　減肥　運動員

即食雞胸肉自己動手做，完全無添加吃起來更安心！

# 碎雞肉蔬菜沙拉

## 材料（4 餐份）

即食雞胸肉（市售）…
200g

押麥 ª…90g

西洋芹…1 根

黃甜椒…1 個

小番茄…180g

A 橄欖油…1 大匙

　檸檬汁…1 大匙

　鹽…2/3 小匙

　胡椒…少許

## 作法

1 押麥洗淨後倒入鍋中，再加入 200ml 的水，蓋上鍋蓋後以中火煮 10 分鐘左右。將水分瀝乾後，稍微放涼。

2 即食雞胸肉撕散。西洋芹的莖部切成 1cm 的小丁，葉子切成 1cm 寬。甜椒切成 1cm 的小丁。小番茄切半。

3 材料 A 混合均勻，將 1、2 拌一拌。

〔POINT〕即食雞胸肉可參考下述步驟自己動手做。因為要用於沙拉中，所以鹽要少一點，相當於肉 1%的重量即可。

1. 雞胸肉（去皮）1 片（300g）放在室溫下回溫，再撒上 1/2 小匙的鹽。

2. 大量熱水倒入厚一點的鍋中煮滾後熄火，將 1 沈入熱水中再蓋上鍋蓋，直接靜置直到稍微放涼為止。

MEMO ::::::::::::::::::::::::::::::::::::::::::::::::::::::::::::::::::

### 最適合訓練前後食用

訓練前後吃些蛋白質與碳水化合物做成的點心，訓練效果會更好。這款沙拉分量較少，一次吃完剛剛好，方便帶出門，算是非常好運用的一款備餐便當，而且內含大量蔬菜！冷藏後直接帶著走就行，冷凍後請微波復熱再享用。

::::::::::::::::::::::::::::::::::::::::::::::::::::::::::::::::::::::

TOTAL
（1 餐份）

熱量：184 kcal

蛋白質：13.3 g

脂質：3.9 g

碳水化合物：25.6 g

鹽分：1.6 g

**MINI MEAL PREP.03** 肌力訓練 減肥

章魚的牛磺酸最適合降低血中膽固醇
# 章魚小黃瓜泡菜沙拉

冷凍
NG

**a** 大豆
大豆胜肽可提升熱量
的消耗。

## 材料( 4餐份 )

蒸章魚…150g
小黃瓜…2 根
鹽…1/4 小匙
大豆 ª（水煮）…100g
泡菜…100g
鹽昆布…10g
麻油…1 小匙

## 作法

**1** 章魚切片。

**2** 小黃瓜切成小一點的滾刀塊，撒上鹽後
輕輕搓揉，再將水分擠乾。

**3** 大豆瀝乾湯汁後倒入塑膠袋中，用磨缸
木杵等工具大略壓碎。

**4** 將 **1**、**2**、**3**、泡菜、鹽昆布倒在一起，
用麻油拌一拌。

MEMO ::::::::::::::::::::::::::::::::::::::::::::::::::::

## 可用來搭配韓式拌飯等一菜吃到底的料理

泡菜沙拉低熱量高蛋白，除了可作為晚歸時吃的下酒佳
肴之外，也推薦大家用來搭配韓式拌飯這類一菜吃到底
的備餐便當。除此之外，如果嘴饞想吃點東西，或肚子
有點餓的時候，也適合當作填肚子的點心。

├ **TOTAL** ┤
（1餐份）

**熱量**：103 kcal

**蛋白質**：13.0 g

**脂質**：3.1 g

**碳水化合物**：6.4 g

**鹽分**：1.6 g

**MINI MEAL PREP.04** 肌力訓練 運動員

屬於優質蛋白質來源，最適合當作兩餐間的點心
# 溏心蛋

冷凍
NG

### 材料（4餐份）

蛋…8 個

A 醬油…4 大匙

味醂…4 大匙

醋…1 大匙

紅辣椒…1 根

生薑（切片）…1 小塊

昆布…3×2cm

### 作法

1 蛋放在室溫下回溫，用熱水煮7 分 30 秒左右。泡在冷水裡冷卻後剝除蛋殼。

2 將 1、材料 A 倒入塑膠袋中，排除空氣後將袋口綁好，醃漬半天左右。

〔POINT〕偏好熟一點的溏心蛋時，請汆燙10分鐘左右。

MEMO ::::::::::::::::::::::::::::::::::::::::::::::::::::::

## 吃蛋可以長肌肉還能提升免疫力

蛋除了膳食纖維和維生素 C 之外，其他營養素通通有，屬於「完美食物」。而且氨基酸分數為 100，堪稱理想的蛋白質來源。不但能長肌肉、提升免疫力，還能有效恢復疲勞。

::::::::::::::::::::::::::::::::::::::::::::::::::::::

TOTAL
（1 餐份）

熱量：84 kcal

蛋白質：6.4g

脂質：5.2 g

碳水化合物：1.6 g

鹽分：0.6 g

**MINI MEAL PREP.05** 　肌力訓練　宅配給父母　減肥

加入豆腐更濃郁好吃
# 菠菜豆腐濃湯

## 材料（4餐份）

菠菜…200g
嫩豆腐…300g
日本大蔥…1/2 根
高湯…400ml
A 味噌…1 小匙
　　鹽…1 小匙
　　胡椒…少許

## 作法

1 菠菜用熱水汆燙 1 分鐘左右，將水分擠乾，再大略切碎。
2 日本大蔥斜切成薄片。
3 高湯、2 倒入鍋中煮滾，再加入 1、壓碎的豆腐，以中火煮 2 分鐘左右。
4 倒入食物調理機中攪打，再用材料 A 調味即可。

MEMO ::::::::::::::::::::::::::::::::::::::::::::::::

### 有益健康的日式湯品

將高湯煮過的日本大蔥、菠菜、豆腐倒入食物調理機，攪打成濃湯風格的湯品。調味方面使用了味噌，所以和日式便當非常對味。另外也推薦大家在抽不出時間的時候，當早餐或晚上吃。

TOTAL
（1餐份）

熱量：61 kcal

蛋白質：5.5 g

脂質：2.6 g

碳水化合物：4.7 g

鹽分：1.8 g

**MINI MEAL PREP.06** | 肌力訓練 | 家人便當 | 運動員

咖哩風味十足的滑順濃湯
# 南瓜咖哩豆漿濃湯

## 材料（4餐份）

南瓜…300g
成分無調整的豆漿…
　800ml
A 水…200ml
　高湯粉…1小匙
B 咖哩粉…1小匙
　鹽…1小匙
　胡椒…少許

## 作法

1　南瓜切成一口大小。
2　將 1、材料 A 倒入鍋中，蓋上鍋蓋後以
　中火蒸煮 10 分鐘左右。
3　將 2、豆漿倒在一起用食物調理機攪
　打，再用材料 B 調味。

MEMO :::::::::::::::::::::::::::::::::::::::::::::::::::

### 大人小孩都愛的好味道

南瓜帶甜味，豆漿風味溫潤，咖哩粉又辣又香，用這些
材料煮成的美味濃湯，男女老幼都能吃得津津有味。可
以用來搭配西式便當，也能當作點心。買到大顆南瓜時，
可以一次做起來存放，更方便。

| TOTAL |
(1餐份)

熱量：165 kcal

蛋白質：8.8 g

脂質：4.3 g

碳水化合物：22.4 g

鹽分：1.9 g

\ CHECK /
[ 復熱時間 ]
微波爐600W
**4**分

**MINI MEAL PREP.07** 　肌力訓練　宅配給父母　運動員

壓碎大豆加入湯中，吸收豐富蛋白質！

# 大豆味噌湯

a　大豆
內含鐵和銅，可有效
解決貧血問題。

**材料**( 4餐份 )

大豆 ª（水煮）…200g
牛蒡…100g
蓮藕…100g
香菇…50g
日本大蔥…1/2 根
高湯…800ml
味噌…3 大匙

**作法**

1　大豆瀝乾湯汁後倒入塑膠袋中，以磨缽
　　木杵大略壓碎。

2　牛蒡斜切成薄片，蓮藕切成 5mm 寬的
　　1/4 圓。香菇切去蒂頭後切成薄片。日
　　本大蔥切成 1cm 寬。

3　高湯倒入鍋中煮滾，再加入 **1**、**2**，以
　　中火煮 5 分鐘左右。

4　將味噌化入湯中。

┌─────┐
│ MEMO │ ::::::::::::::::::::::::::::::::::::::::::
└─────┘

## 大豆加根莖類，營養又具口感

這是可以充分品嘗到大豆甜味，利用根莖類與蕈菇料理而
成的味噌湯。除了能攝取到蛋白質與膳食纖維之外，還能
吃到根莖菜的口感，讓人吃得很飽足。不僅能搭配日式便
當，也很適合作為早餐、宵夜、點心。

┤ TOTAL ├
( 1餐份 )

熱量：139 kcal

蛋白質：10.5 g

脂質：4.3 g

碳水化合物：16.9 g

鹽分：2.2 g

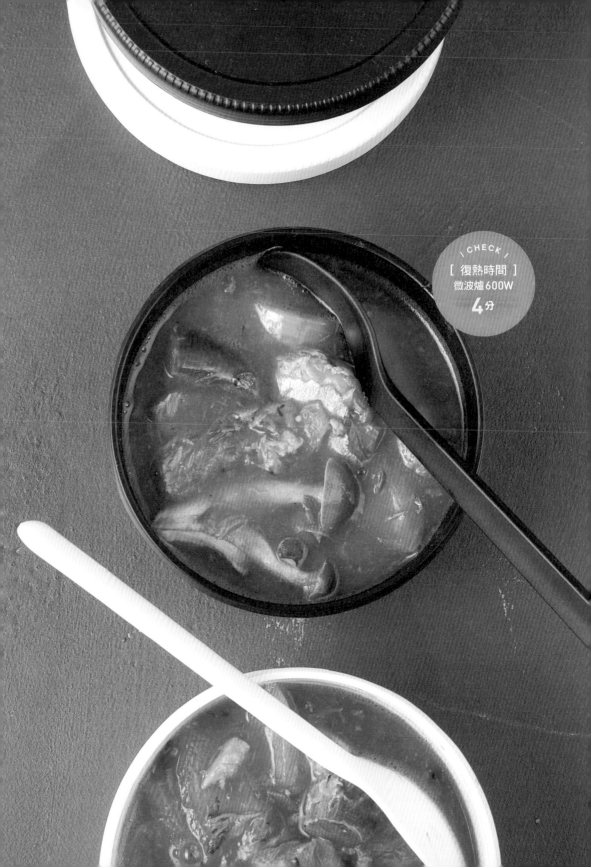

| CHECK |
[ 復熱時間 ]
微波爐600W
**4**分

**MINI MEAL PREP.08**　肌力訓練　宅配給父母

用罐頭和番茄汁來煮，三兩下就完成
# 鯖魚罐頭番茄湯

**a** 水煮鯖魚罐頭
連同湯汁一起使用，
不但鮮味十足又能徹
底補充到營養。

### 材料( 4餐份 )

水煮鯖魚罐頭[a]···2 罐
（400g）

鴻喜菇···150g

洋蔥···1/2 個

番茄汁[b]（無鹽）···600ml

鹽···1 小匙

胡椒···少許

### 作法

**1** 鴻喜菇撕散。洋蔥橫切對半，再切成
1cm 寬。

**2** 連同湯汁的鯖魚、**1**、番茄汁倒入鍋中
後蓋上鍋蓋，以中火煮 5 分鐘左右。

**3** 用鹽、胡椒調味。

**b** 番茄汁
富含耐熱具抗氧化作
用的茄紅素。

**MEMO** :::::::::::::::::::::::::::::::::::::::::::::::::::::::::::::

### 作法簡單又營養滿分的湯品

這款湯品可以輕鬆攝取到鯖魚罐頭的蛋白質，以及番茄
汁的茄紅素。最讓人開心的是，作法很簡單，三兩下就
完成。多做一些冷凍起來備用，除了當作點心，也能作
為早餐或午餐，各種場合都適用。

**TOTAL**
（1 餐份）

**熱量：** 206 kcal

**蛋白質：** 16.4 g

**脂質：** 12.7 g

**碳水化合物：** 9.6 g

**鹽分：** 2.5 g

\ CHECK /

[ 復熱時間 ]
微波爐600W

**30**分

※1塊

**MINI MEAL PREP.09** 　 肌力訓練 　 減肥 　 運動員

蜂蜜的甜味營造出溫潤簡樸的好味道
# 蜂蜜蒸麵包

## 材料

豆渣粉 [a]…6 大匙

蛋…1 個

低脂牛奶（或是成分無調
　　整的豆漿）…90ml

蜂蜜…2 大匙

椰子油 [b]（或是橄欖油）…
　　1 大匙

泡打粉…1 小匙

\* 約15×15×5cm的保存容
　器1個份

## 作法

**1** 所有材料倒入可用微波爐加熱的保存容
　　器中，充分混合均勻。

**2** 輕輕蓋上容器蓋子，微波加熱 5 分鐘。

**3** 取下蓋子並稍微放涼後，從容器中取出
　　再切成 8 等分。

**a** 豆渣粉
除了用來增加黏性之
外，也常用來作為主
要材料。

**b** 椰子油
內含不易形成中性脂
肪的中鏈三酸甘油
酯。

---

MEMO ::::::::::::::::::::::::::::::::::::::::::::::::::

### 不需要專用模型方便製作

使用可微波加熱的容器當模型，輕鬆就能完成。將材料
倒入容器中拌勻，蓋上蓋子微波加熱即可！稍微放涼後
再分切，接著分別用保鮮膜包起來冷凍或冷藏保存。冷
凍後的麵包，經自然解凍後就能食用。

**⊢TOTAL⊣**
（1 塊份）

熱量：73 kcal

蛋白質：2.8 g

脂質：3.2 g

碳水化合物：8.5 g

鹽分：0.1 g

CHECK

[ 復熱時間 ]
微波爐600W
**30**分
※1塊

**MINI MEAL PREP.09**　肌力訓練　減肥　運動員

加入藍莓讓外觀也賞心悅目
# 藍莓起司蛋糕

a　豆渣粉
可在常溫下長時間保存，使用方便。

b　原味優格
內含長肌肉時不可或缺的動物性蛋白質。

c　椰子油
提升基礎代謝，維持肌膚彈性與光澤。

## 材料

豆渣粉 ª…6 大匙
蛋…1 個
原味優格 ᵇ…100g
藍莓（冷凍）…50g
蜂蜜…2 大匙
椰子油 ᶜ（或是橄欖油）…
　1 大匙
起司粉…1 大匙
檸檬汁…1 大匙
泡打粉…1 小匙

\* 約15×15×5cm的保存容
　器1個份

## 作法

1　所有材料倒入可用微波爐加熱的保存容器中，充分混合均勻。

2　輕輕蓋上容器蓋子，微波加熱 5 分鐘。

3　取下蓋子並稍微放涼後，從容器中取出再切成 8 等分。

---

**MEMO**

### 豆渣粉做成的甜點，吃完不會有罪惡感！

不用麵粉，改用豆渣粉製成的甜點，富含膳食纖維又低醣，有益健康又能美容養顏，好處多多。優格加起司粉，再加上藍莓，做成酸酸甜甜的起司蛋糕。冷凍保存後，自然解凍即可。最適合訓練時用來填肚子。

**TOTAL**
（1 塊份）

熱量：83 kcal

蛋白質：3.2 g

脂質：3.7 g

碳水化合物：9.5 g

鹽分：0.2 g

# 運動員比賽前的餐點

對運動員來說，比賽前的餐點真的很重要，
此時不妨善用營養管理面面俱到的備餐便當。
在最佳時機點享用，才能完全發揮實力。

## 能夠立刻轉換能量的一菜到底備餐便當

　　每天勤於訓練的運動員，在比賽前飲食調節格外重要，此時備餐便當就能幫上大忙。

　　在比賽前的 1～2 週，最好改吃低脂飲食。這段時期身心容易感到壓力，因此應提醒自己多多攝取富含維生素及礦物質的食材。這時候最適合吃 Part2～4 的備餐便當，每款便當除了低脂之外，還能充分補充到維生素與礦物質。

　　比賽當天，餐點請在比賽前 3 小時吃完，才能完全消化吸收，在能量俱備的狀態下，將實力完全發揮出來。此時最推薦 Part4 的一菜到底備餐便當，不但方便食用，還能徹底攝取到碳水化合物。

　　用完餐後，在比賽前還有空檔的話，可以吃迷你備餐便當作為填肚子的點心。例如蜂蜜蒸麵包或是藍莓起司蛋糕，就很適合用來補充能量；切碎沙拉同樣能作為維生素及礦物質的補給來源，不妨事先準備起來。

## 運動員備餐便當

比賽當天，應充分攝取碳水化合物儲備能量。
想吃肉的人，應避免消化時會損耗能量的肉塊，
建議挑選好消化的絞肉料理。另外也能從點心補充能量。

▶ 容易儲備能量

**豆漿蔬菜筆管麵**
（見 **p.80**）

鮪魚和蔬菜的
風味最合拍

**塔可飯便當**
（見 **p.84**）

大塊食材
好滿足

辛辣風味超
美味！

**新鮮鮪魚筆管麵**
（見 **p.78**）

▶ 填肚子的點心

檸檬的風味
好清爽

**藍莓起司
蛋糕**
（見 **p.136**）

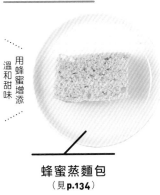

用蜂蜜增添
溫和甜味

靠藍莓增加
滿足感

**蜂蜜蒸麵包**
（見 **p.134**）

**碎雞肉蔬菜沙拉**
（見 **p.120**）

HealthTree 健康樹 健康樹系列 143

# 增肌・減脂・高蛋白，MEAL PREP 備餐便當

高タンパク高栄養！冷凍できるお弁当 ミールプレップ

| | |
|---|---|
| 作　　者 | 牛尾理惠 |
| 譯　　者 | 蔡麗蓉 |
| 總 編 輯 | 何玉美 |
| 主　　編 | 紀欣怡 |
| 責任編輯 | 謝宥融 |
| 封面設計 | 走路花工作室 |
| 版型設計 | 楊雅屏 |
| 內文排版 | 許貴華 |
| 日本團隊 | 攝影／松島 均　藝術總監／川村哲司（atmosphere ltd.）　設計／吉田香織 |
| | 長谷川圭介（atmosphere ltd.）　插圖／イシバシアキ　造型／ダンノマリコ |
| | 烹飪助手／上田浩子　高橋佳子　編輯・構成／丸山みき（SORA 企画） |
| | 編輯助理／柿本ちひろ（SORA 企画）　營養計算／角島理美　企劃・編輯／ |
| | 森 香織（朝日新聞出版　生活・文化編集部） |

| | |
|---|---|
| 出版發行 | 采實文化事業股份有限公司 |
| 行銷企畫 | 陳佩宜・黃于庭・馮羿勳・蔡雨庭 |
| 業務發行 | 張世明・林踏欣・林坤蓉・王貞玉・張惠屏 |
| 國際版權 | 王俐雯・林冠妤 |
| 印務採購 | 曾玉霞 |
| 會計行政 | 王雅蕙・李韶婉・簡佩鈺 |
| 法律顧問 | 第一國際法律事務所　余淑杏律師 |
| 電子信箱 | acme@acmebook.com.tw |
| 采實官網 | www.acmebook.com.tw |
| 采實臉書 | www.facebook.com/acmebook01 |

| | |
|---|---|
| I S B N | 978-986-507-147-9 |
| 定　　價 | 350 元 |
| 初版一刷 | 2020 年 7 月 |
| 劃撥帳號 | 50148859 |
| 劃撥戶名 | 采實文化事業股份有限公司 |
| | 10457 台北市中山區南京東路二段 95 號 9 樓 |
| | 電話：（02）2511-9798　　傳真：（02）2571-3298 |

國家圖書館出版品預行編目資料

```
Meal Prep 備餐便當 / 牛尾理惠著；蔡麗蓉譯 .--
初版 .-- 臺北市：采實文化，2020.07
    144 面；　17×23 公分 .--（健康樹系列；143）
    譯自：高タンパク高栄養！冷凍できるお弁当
ミールプレップ
    ISBN 978-986-507-147-9( 平裝 )
    1. 食譜 2. 健身運動
427.17                          109007137
```

KOTANPAKU KOEIYO ！REITO DEKIRU OBENTO MEAL PREP
Copyright © 2020 Asahi Shimbun Publications Inc.
All rights reserved.
Originally published in Japan in 2020 by Asahi Shimbun
Publications Inc.
Traditional Chinese translation rights arranged with Asahi Shimbun
Publications Inc., Tokyo through Keio Cultural Enterprise Co., Ltd.,
New Taipei City.